动物 健康营养信用

Nutrition-Based Health

Nutricines and Nutrients, Health
Maintenance and Disease Avoidance in
Animals

【英】Clifford A Adams 著

马　曦　杜瑞平　甄玉国　等　主译

卢德勋　主审

中国农业出版社

图书在版编目（CIP）数据

动物健康营养指南／（英）克利福德A·亚当斯
（Clifford A Adams）著；卢德勋主译.北京：中国
农业出版社，2018.7
书名原文：Nutrition-Based Health：nutricines
and nutrients，health maintenance and disease
avoidance in animals
ISBN 978-7-109-24239-5

Ⅰ．①动…　Ⅱ．①克…②卢…　Ⅲ．①动物营养–指
南　Ⅳ.①S816-62

中国版本图书馆CIP数据核字（2018）第130696号

北京市版权局著作权合同登记号：图字01-2018-4715号

中国农业出版社出版
（北京市朝阳区麦子店街18号楼）
（邮政编码 100125）
责任编辑　周晓艳

北京中科印刷有限公司印刷　新华书店北京发行所发行
2018年6月第1版　2018年6月北京第1次印刷

开本：720mm×960mm　1/16　印张：10.5
字数：195千字
定价：58.00元
（凡本版图书出现印刷、装订错误，请向出版社发行部调换）

致 谢

主译

第一章　杜瑞平（内蒙古自治区农牧业科学院）
第二至四章　马　曦（中国农业大学）
第五章　姚焰础（重庆市畜牧科学院）
第六章　张学峰（吉林农业大学）
第七章　甄玉国（吉林农业大学）
第八章　杨小军（西北农林科技大学）
第九章　胡红莲（内蒙古自治区农牧业科学院）

主审

卢德勋　内蒙古自治区农牧业科学院

本书在出版之际，非常感谢建明工业（珠海）有限公司、长春博瑞农牧集团股份有限公司的大力资助！

译者序一

向大家郑重推荐一本健康养殖的好书

    Clifford A Adams博士是一位具有很高学术造诣，且实践经验丰富的知名英国学者。他长期从事饲料营养研究和技术研发、推广工作，形成了独到的学术见解，是国际动物营养领域全方位营养（total nutrition）的倡导者，并积极提倡健康养殖和清洁养殖的现代畜禽养殖的科学决策理念。Adams博士把他的科研成果和现代畜禽养殖理念推广到世界上45个国家和地区，其中也包括中国，为这些国家和地区畜禽养殖技术的创新和发展做出了重要贡献。在长达20多年的工作生涯里，Adams博士参与国际著名企业建明公司的产品研发和推广工作。

    Clifford A Adams博士有3本代表性的学术专著，在第一本学术专著—*Nutricines: Food Components in Health and Nutrition*中，他为营养活性物质（nutricines）正名，系统地介绍了食物和饲料中已存在的各种营养活性物质，把作为动物健康营养重要组成部分的营养活性物质研究放在前所未有的突出位置。在他的第二本学术专著—*Total Nutrition*中，Adams进一步提出如何在动物营养学领域科学利用营养物质和营养活性物质，正式提出全方位动物营养的发展战略。这本书在2015年由我的弟子们翻译，中译本由中国农业出版社正式出版发行。Adams博士的第三本学术专著就是读者现在看到的这本中译本—《动物健康营养指南》，它是在建明工业（珠海）有限公司的大力支持和合作下，我的弟子和一些年轻人精心翻译的，原书名是 *Nutrition-Based Health: Nutricines and Nutrients, Health Maintenance and Disease Avoidance in Animals*。这三本学术专著系统地介绍了Adams博士在健康养殖和清洁养殖领域的现代畜禽养殖科学理念形成过程，以及由他提出的健康营养的科学理论和技术体系，是一本冲破动物营养学和饲料科学传统观念、令人拍案叫绝、耳目一新、难得一见的好书。

Adams博士在他的第三本学术专著《动物健康营养指南》中，坚持健康养殖的饲养决策理念，提出了一整套基于充分利用并发挥营养活性物质营养活性进行营养调控的健康营养技术策略（NbH）。该营养策略的提出要从三个方面进行宏观到微观调控，即维护胃肠道完整性，支持免疫系统和调理氧化应激和疾病以实现维护动物健康状况目标，并对如何以实现健康养殖决策为目标的健康营养策略进行了全面、科学的诠释。在该书中，Adams对于动物的健康状况评估、宏观和微观层次营养调控的关系，以及动物健康与疾病之间的平衡受动物基因组成或基因组与动物所处环境之间的相互作用影响都有非常精彩的论述。这里，我郑重向动物营养学界的广大同仁及一切关注健康养殖的朋友们推荐Adams博士主编的这本学术专著。

健康"health"一词源于古英语"hal"，它的意思是完整性，保持完整、完备、完好。在人类医学中，完整性意味着身-心-神功能的完好无损。现代人类医学将健康定义为机体有生机、有活力，而不仅仅是没有疾病。这一定义促使我们要十分关注提升健康、增强生理功能的因素，而不是聚焦引发疾病的不利因素。长期以来，人类营养学把最大限度地维护和改善人类健康状态，以及功能活动作为学科发展的根本决策目标，但是对动物营养学而言，情况就大大不同。唯生产效益决策观一直在畜禽饲养学、动物营养学和饲料科学中占据统治地位，直到最近几十年情况才慢慢发生变化。现在重视动物健康、关注养殖对环境的影响，以及畜产品安全在动物饲养学和动物营养学界逐渐形成了共识。早在21世纪初，我在国内就率先提出"四个统筹"的多元饲养决策观，其基本内容是坚持科学发展观，以优化生产效率为中心，将养殖效益、动物健康、畜产品品质和安全及对环境的影响四个方面统筹考虑，实现动物养殖的全面、协调、健康和可持续发展。随着国家先后出台的一系列健康养殖的产业发展项目，全国健康养殖项目的研究和推广得到了极大的推动。但是由于我们对如何进行健康养殖缺乏现代科学理论的指导，因此这严重影响了健康养殖项目创新水平的进一步提升。Adams博士主编的《动物健康营养指南》一书的出版发行真是"雪里送炭"，我完全深信，此书的出版一定会受到动物营养学界和广大养殖界朋友的普遍欢迎。

在本书出版之际，我再一次向Adams博士对《动物健康营养指南》在中国出版、发行的鼎力支持表示深深的谢意；同时对所有参加本书翻译的年轻学者，特别是对中国农业大学动物科技学院马曦教授、建明工业（珠海）有限公司程军波先生在译稿修改和组织出版方面付出的辛勤劳动，以及做出的可贵贡献表示由衷地感谢！

卢德勋

2018年春节 于呼和浩特

动物健康营养的新篇章

随着全球肉类消费需求的不断增长，农牧企业所面临的挑战也在不断地增加。他们必须高效地利用有限的资源，生产出更多、更好、更安全的肉类。显而易见，健康的动物，是生产高效、安全的动物蛋白的基础。然而，由于通过药物和抗生素等的干预对动物生长和食品安全的负面影响，通过营养手段来满足动物健康生长的需求，换句话说，将营养作为保健和预防疾病的手段，理所当然地变成了生产动物源食品的理想方案。这就是Clifford A Adams博士新书《动物健康营养指南》的核心内容。

Adams博士曾在建明任职20多年，这期间他形成了自己独特的营养学理论体系。此前他撰写了《全方位营养》一书，希望通过研究动物营养中的营养素与营养活性物质之间的关系，使得动物生产产业链各阶段效益最大化。

《动物健康营养指南》则是重点论述健康营养的知识，正确应用营养活性物质与营养素的关系，来预防疾病、保障动物健康，其中包括饲料对基因组和基因表达、饲料与病原体、饲料与宿主之间的关系探讨，用以指导动物生产中抗生素替代等具体行动。

Adams博士在建明多年工作期间，充分运用了动物健康营养和全方位营养理论体系来指导了建明全球产品的研发与推广，让建明更加清晰地接近消费者，由单纯关注动物生产指标扩大到关注饲料安全，动物健康，食品安全和减少对环境污染等多个方面。

现在动物的健康状况，也可能与过去五十年来，生产者为追求高速生长，进行遗传改良以及使用促生长抗生素等因素相关。作为一家全球性营养调节剂公司，建明一直致力于通过营养活性物质，来调和其与营养素的关系，帮助动物更好地生长，保持健康，保持高效生产，同时提供安全可靠的动物源食品。这些与Clifford A Adams博士的理论目标，是完全一致的。

本书的出版，让广大中国的食源性动物生产者，有了一个思考动物健康的新维度。在此感谢Clifford A Adams博士。

同时，感谢卢德勋教授孜孜不倦的翻译和审校工作——包括他的弟子们的努力，一并表示感谢。正因为有他们的努力，才有了让建明产品背后的理论体系广为人知的机会。

建明中国总裁　甘智林博士

2018年3月

原文序

目前，为食品生产而进行的动物养殖是规模巨大而非常重要的全球性生产活动，它为人类提供了大量优质且低成本的食物。动物来源食品也是一项重要的国际贸易产品，它为畜牧产业创造出了巨大的经济效益。然而成功地维持和发展畜牧产业依赖于对动物健康的管理能力，良好的动物健康是高效生产大量低成本食物的前提，当然尽可能减少人畜共患病的风险、避免将疾病传染给人类也是至关重要的。另外，动物健康也决定大多数国家或国际的经济运行结果，因为暴发疾病会消耗公共资源并严重破坏国际贸易。显然动物健康对于生产者和消费者同样重要，大量的低成本食物生产源自健康的动物。然而有证据表明，消费者和立法机关都不想为了保证动物健康而使用药物来处理这些动物。这不可避免地提高了人们对营养的重视，营养可作为一种动物保健和预防疾病的手段，成为生产动物源性食品的理想方案。

重要的是要使那些从事动物性食品生产的人们能意识到

并对这些各种关切做出响应，这就是我写第一本书—Nutricines: Food Components in Health and Nutrition（《营养活性物质：健康营养的食物成分》）的动力。在这本书里，我试图说明饲料和食品有许多天然成分，也就是营养活性物质在营养与健康方面具有宝贵和有益的作用。

我的第二本书—Total Nutrition（《全方位营养》）旨在进一步发展如何在动物营养中应用营养物质和营养活性物质。其策略就是要从饲料原料到成年动物整个生产链的各个阶段能使各种营养物质和营养活性物质效益获得最大化。

目前大家拿到的《动物健康营养指南》是我的第三本书，本书重点论述健康营养的有关知识，旨在探讨通过正确应用动物饲料中营养物质和营养活性物质，以进一步发展实现动物保健和疾病预防的营养策略。第一章介绍了饲料营养活性物质和动物健康的重要性；第二章论述了饲料对基因组和基因表达的影响；第三章阐述饲料与病原体的相互作用；第四章讨论饲料与霉菌毒素的相互作用；第五~七章，论述饲料与宿主的相互作用，其中第五章介绍了胃肠道的完整性，第六章讨论了营养和免疫系统，第七章讨论了氧化应激；第八章介绍了采食量和健康评估；第九章给出了一些一般性的结论。这些可能是未来营养师需要考虑的动物保健和疾病预防的营养策略，它们与为了提高动物生产性能所做的营养策略同等重要。2006年欧盟完全禁止抗生素生长促进剂的使用，反对在动物生产中使用药物，这反映出人们对动物营养的重视。在现代畜牧业发展中如果能实现这一点确实具有挑战性，且目标也很令人振奋。

"这就是健康营养的全部内容！"

Clifford A Adams

目　录

饲料组成成分：健康营养中的营养物质和营养活性物质

目前，用于食品生产的动物饲养是全球范围内一项巨大而重要的生产活动。全球近13亿人从事这个产业，占到国际农业生产总值的40%（Steinfeld等，2006）。

全球人类消耗的大约六分之一的食物能量和三分之一的蛋白质靠动物来源的食品提供（Chadd等，2002）。这些动物来源食品所含能量高，是易消化的优质蛋白质的绝好来源。由于动物来源的食品所含蛋白质的氨基酸种类和组成与人体蛋白极为相似，因此是人类蛋白质营养的最佳食物。相比植物性蛋白，人类更易消化动物性蛋白，100g瘦肉能提供每日蛋白质需要量的一半。

肉类也是除了氨基酸外其他各种营养物质的重要来源，如铁、硒、锌、维生素A、维生素B_{12}和叶酸。这些营养物质要么在植物来源的食物中不存在（仅在肉中存在）；要么生物利用率极低，如维生素A和维生素B_{12}。植物中的类胡萝卜素β-胡萝卜素是公认的维生素A前体物，但由于其在人体内的转化率低，因此需要大量食入才能满足人体需要。而且肉类富含蛋白质且碳水化合物含量低，有助于维持低血糖指数，从而有利于一些非传染性疾病，如肥胖、糖尿病和癌症的控制（Neumann等，2002；Biesalski，2005）。

自20世纪60年代初以来，全世界的肉类消费以平均高于10%的速率递增。在拉丁美洲、加勒比海、东亚地区和一些工业化国家，这一时期的人均肉类年消费量以高于20kg的速度在增长。北美和其他大多数工业化国家的肉类消费是最高的，平均接近90kg/年（Valsta等，2005）。最近的预测表明，1993—2020年，世界肉类需求将继续以每年1.8%的速度递增。

2000年，全球肉类消费是23.3亿t，预计2020年达到30亿t，2050年达到46.4亿t。奶产量从2000年的56.8亿t将上升到2020年的70亿t和2050年的104.3亿t。鸡蛋产量也将以30%的速度增加（Speedy，2002；Steinfeld等，2006）。

显然，良好的动物健康是目前所需大量动物来源食品高效生产的一个重要参数，不仅现在如此，将来需要更大数量食品时更是如此。不健康的动物决不会像健康动物那样生产力良好，不健康的动物所生产的产品数量也低于人口消费的需要量。因此，在现代动物生产中，对生产动物的健康维护和疾病预防是全球性的一个主要挑战。动物健康在很大程度上影响重要食品生产供应、人类健康和国际经济的安全。

动物健康状况对减少人畜共患病的风险也是很重要的，如奶牛可传染肺结核给人（不过目前此病在很大程度上已经得到控制）。同样应关注牛的Johne氏病与人的Crohn氏病，以及牛海绵状脑病与人的变异Creuztfeld-Jacob病之间可能存在的相互关联。禽流感也是人畜共患病，但幸运的是目前该病对人的传染不易发生。微生物，如猪的沙门氏菌和鸡的空肠弯曲菌本身不是各自宿主动物的致病菌，但它们易污染这些动物所生产的肉品，从而引起人类患病。在欧盟，弯曲杆菌已被公认为是关系公共卫生的食源性人兽共患病原体的一种（Anon，2004）。

如今，动物的健康状况对国家和国际经济产生了重要影响，牛海绵状脑病、口蹄疫及禽流感对于全球动物生产业来说是巨大的经济灾难。这些病会导致数以百万计的大规模动物被扑杀，不仅消耗大量公共资源，而且严重扰乱国际贸易。例如，某个国家一种严重的动物疾病的频繁暴发会传染其他国家，传染国不得不实行动物源性食品出口禁令。因此，动物生产中的健康维护和疾病预防是非常重要的。

一、健康维护和疾病预防

与健康问题有关的原因诸多，需要多种解决方案。对抗某种疾病的健康维护可认为由两个要素组成：抵抗力和恢复力（Klasing，1998）。抵抗力是指不同保护系统，如皮肤和免疫系统排出和杀死病原体以阻止疾病发生的能力；恢复力是指动物在疾病感染期间维持生产力的能力，意味着感染动物能继续生长并表现出良好的生产效率，这很可能是以增强了抵抗力为目标的日粮的优化，但对支持恢复力和生产力并不理想。

　　毫无疑问，健康维护和疾病预防的某些问题与现代社会对动物来源食物的大量需求有关。这种需求需要集约化饲养，即在相对小的空间里饲养大量的家畜。大规模饲养又要求高生产力，这必然意味着动物在生产阶段承受相当大的应激。动物受到应激时，面临的外部压力和条件扰乱了动物机体的内部稳态，从而引发病理变化。应激病理发展的例证就是由微生物导致的传染性疾病的传播或者由日粮和环境引发的非传染性疾病的发展，这些问题对动物的健康维护和疾病预防有重要影响。

　　现代动物生产中产生应激的外部压力和条件有很多根源。在狭小区域大量动物的饲养必然增加动物的微生物应激，传染性微生物，如病毒、大肠杆菌、沙门氏菌、产气荚膜梭状芽孢杆菌和弯曲杆菌在动物种群中快速传播的风险会增加。刚孵化或出生后的这段时间是大多数动物的应激期。新生仔畜的胃肠道无菌、不成熟，等开始进行日粮消化后其功能和微生物菌群才逐渐发育，这个阶段的动物由于天然防御的薄弱或空白而极易感染病原微生物。对于哺乳动物特别是犊牛和仔猪，当频繁变换饲养地点或者更换日粮代替母乳时会产生严重的断奶应激。

　　广泛应用的预防药物和疫苗也是主要的应激源。

　　非传染性疾病有很多，如家禽的腹水症，许多动物品种的心脏问题、关节和腿部疾病等。非传染性疾病通过一套启动因子来激活特定的基因表达模式，反过来这套启动因子作用于末端生化平衡出现非稳态状况。长此以往，这些非稳态状况会导致组织退化和一个或多个器官功能的丧失，最终动物出现临床疾病症状。基因表达研究也显示，非传染性疾病组织基因与健康组织多组基因之间的差异表达（Kornman等，2004）。一种非传染性疾病只有某组特定基因表达发生改变时才会发展，这种基因表达的改变模式可能是环境、遗传和营养等因素综合作用的结果。

　　现在动物的健康状况也可能与过去五十年来为追求高速生长和越来越高的生产力所做的遗传改良有关。许多成功的育种计划引入的猪和鸡的基因型能够实现猪和鸡的快速生长、瘦肉沉积、高的繁殖性能。例如，1989—1996年，肉鸡的体重从1.80kg提高到2.25kg，而同期的饲料转化效率（feed conversion rate，FCR）则从1.984下降到1.843（Cobb，1999）。美国1997—2001年肉鸡生产性能也有进一步提高（Chapman等，2003），这一时期肉鸡的能量转化率（calorie conversion）呈线性下降（能量转化率是一个饲料利用效率指标，等于饲料转化率乘以饲粮平均能值）。生产一只体重为2.27kg家禽的天数从1997年的49.5d下降到2001年的46.5d，最终体重也从2.22kg增至2.35kg。这些都是生长速率巨大增长的结果。因为这五年间，家禽生长时间减少了6.1%，体重却增加了5.8%。1972—1996年收集的蛋鸡数据表明，饲料利用和鸡蛋生产都有非常显著的改善（Flock，1998）。1996年生产1kg鸡蛋需要500g饲料，少于1972年所需。

这些改善也产生了一些担心，就是这种成功用于提高生产力的遗传改良可能伴随疾病抵抗力下降或免疫反应的改变（Cheema等，2003；Li等，2001）。断奶仔猪和母猪的高死亡率就是这种担心之一。而在许多商业化猪场，母猪群的长寿是其主要关注点。生长最快和生产力最高的动物，如猪和家禽，可能都会遭受由于猝死带来的高死亡率的风险。

这个问题可以用一个商业化火鸡生产试验研究加以说明。这个试验比较了同一品种的一个快速生长的重型品系和一个慢速生长的中型品系之间的差异（Kowalsksi等，2002）。快速品系对不良环境更敏感，且面对运输应激时皮质酮增加更多；而慢速生长品系表现出对应激的适应性。进一步的研究表明，火鸡这种对应激反应可被以增重为目标的遗传改良所改变（Huff等，2006），这种使得火鸡对慢性细菌性疾病，如火鸡骨髓炎（turkey osteomyelitis complex）更敏感。很显然，在现代动物生产中要利用营养和环境措施去调控动物对应激的反应。

饲料也是一个潜在的应激源，因为支持快速生长和高生产力所需的充足的营养水平必须通过饲料供给，但饲料原料必须要尽可能的低成本才符合现代动物生产的经济性要求。已知饲料成分，如小麦、大麦和脂肪在一些动物种类身上会引起消化应激。饲料不可避免地包含有微生物和其他有毒成分，这些微生物和有毒成分会通过疾病或借助对免疫系统的激活给动物额外的应激。

二、健康管理

　　尽管动物健康是现代动物生产中的一个关注点，但事实上对动物的健康管理能做到的少之又少。这些年来，某些疾病，如家禽的坏死性肠炎和火鸡的组织滴虫病已经通过各种药物得以控制，但这些药物中的大多数现在被欧盟禁止使用，且这些药物尚没有可用的替代品。有一些疾病已经有相当多有效的疫苗去控制，但那些毁灭性的疫病，如禽流感、疯牛病和猪断奶后多系统衰竭综合征则没有有效的疫苗，因此大规模扑杀依然被频繁使用以此来控制这类疫病的暴发。

　　在欧盟，消费者和立法者的态度对动物用药也发生了重大转变。普通消费者需要健康动物提供的食品，不希望滥用药物。关于这一点的最好例证就是2006年生效的欧盟完全禁止抗生素类生长促进剂在动物生产的使用。

　　面对无法建立对疾病有效的、大规模的治疗方案使得我们需要把重点从临床疾病治疗向健康维护和疾病预防的观念转变。现在应该重点强调减少那些能使动物患病的应激因素，为此就必须要把减轻或避免应激的营养策略引入到健康营养（nutrition-based health，NbH）中来。但是这样的营养策略必须在经济上可行，且能够考虑到动物福利、食品安全、公共健康和环境的可持续发展（图1-1）。

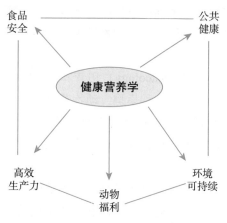

图1-1　健康营养中的互作关系

对营养的这种关注焦点是维护动物健康和避免疾病的唯一解决办法，这也符合人类营养的现代发展趋势，目前越来越多的关于饮食和健康的互作正在被研究和提及。将农业和营养与发展人类健康维护和疾病预防策略联系在一起的发展趋势已经相当明确起来（Schneeman，2000）。这就需要彻底地重新思考在动物生产中如何理解和利用营养与健康的相互关系（Adams，2006）。

营养的根本是所有动物（包括人类），持续不断地消化饲料（或食物）中许多由不同分子组成的复杂混合物。这些不同的日粮成分发挥了众多的活性和功能，用于支持动物发育、生长、健康维护和疾病预防。而其他一些饲料成分，如霉菌毒素和微生物病原体则会引发非传染性和传染性疾病。

在漫长的进化中，不同种类的动物发展了从食肉到食草的各种营养行为。不同的营养行为要求不同的食物原料，宿主动物面对的和食入的就是不同数量和种类的饲料来源的分子。这种日粮习性的差异与特定的消化生理有关。食肉动物，如猫的消化系统比人简单，因为动物性食品一般不需要太长的消化时间；而处于另一端的则是食草动物，如牛和马，它们需要食入大量不易消化但必须作为能量来源的纤维素。经过进化草食动物产生了容积巨大的特有的消化道，消化道依靠发酵来消化这些纤维素。这正是牛的瘤胃和马的结肠、盲肠的功能。人类恰恰处于这两个极端的中间地位。由于杂食性或多样性的饮食习惯，人类的食物来源非常广泛，既有动物来源又有植物来源，这也使人们能够接触到地球上完整范围的营养性来源分子。

健康营养（NbH）是利用饲料成分用于健康维护和疾病预防。它必须建立在合理的科学原则之上，当然去研究动物日粮与疾病发展和控制的关系肯定会有困难。

这就阐明了药物学（pharmacology）和营养学之间的主要差别，尽管药物学已经被频繁用作营养研究的一种模型。动物营养中抗生素的广泛使用将药物学和动物营养联系得更紧密。在研究用药物分子治疗和消除某种特定疾病时，需要以某种疾病的状况作为目标，这样用于治疗的活性分子才能发现它们，从而将患病个体转为健康状态。

这样的方案不适用于健康营养学策略，因为健康营养学的起始点是一个健康动物群体，其目的是保持其健康状态。基于这种观点，动物机体内所有的代谢途径必须处于最佳运行状态，目的就是保持这种状态。相反，在疾病状态，至少有一个代谢途径运行不佳，因此要使用药物去纠正并使其回归健康状态。

如基于营养的健康营养学三联图（图1-2）所示，它要比使用药物策略更为复杂（Adams，2006；Levander，1997）。该图表明，饲料、病原体和宿主特异性之间的互作在决定动物整体健康和福利状态上起着至关重要的作用。

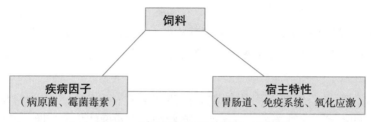

图1-2 基于营养的健康营养三联图

可见，饲料在通过影响宿主抵抗病原体的能力，通过调节病原体的毒性，以及调节非传染性疾病在健康营养学中扮演了众多角色，特别是营养通过调节胃肠道微生物区系对肠道疾病有巨大的影响。因此，健康营养是一个越来越重要的研究课题，因为动物的健康不得不通过营养手段去保护和维持。

三、饲料的本性：营养物质和营养活性物质

现代动物营养以饲料为基础，由可利用的饲料原料配合成具有最低成本、能供应所需养分的配方。饲料的实际营养特征源于先前的研究和实地试验观察，其目的是避免动物出现营养缺乏症，并能达到经济上重要的生产指标。这些生产指标有体重变化、饲料转化效率、蛋白质沉积、产奶量及产蛋量等。它们都是预期从健康动物那里获得的。

营养科学领域的早期工作表明，饲料中的特定成分就是营养物质。它们对动物的生长和健康很重要，必须提供合适的数量。这些营养物质包括碳水化合物、脂肪、蛋白质、17种矿物质（如铁和碘），以及13种维生素（包括脂溶性维生素E和诸如维生素C等水溶性维生素）。另外，饲料还含有从消化蛋白中获得的9种必需氨基酸。营养物质的一个根本特性就是它们都是必须持续性提供的必需物质，一旦缺乏很快会出现缺乏病症。

碳水化合物和脂肪是重要的能量来源。脂肪还需要提供亚油酸和亚麻酸等必需脂肪酸。因为这些物质动物机体不能合成，而ω-脂肪酸是神经组织的

重要组成成分。ω-脂肪酸在植物来源的食品中含量极少，但在动物脂肪和鱼油中的含量却很普遍，这些脂肪酸的充分供应对大脑正在生长和发育的早期生命尤为重要。

营养物质有许多重要功能，包括为细胞活动供应能量，并且是新的细胞结构合成的原材料来源之一。许多营养物质，特别是矿物质和维生素在细胞内不计其数的生化反应中发挥着作用。它们参与了分子营养代谢，而不是供应能量和用于生长。

然而饲料并不纯粹是有用的营养物质的集合体，实际上，饲料也是无数不同分子的来源，其中有些可能有毒，有些则具有重要的生物活性。近些年，人们对饲料中的这些不属于传统营养物质但却在细胞水平上有重要生化功能或生物活性的分子越来越感兴趣。这些饲料成分被称为：营养活性物质（nutricines）（Adams，1999），非营养性成分（non-nutritive components）（Roberfroid，1999b），生物活性成分（bioactivecomponents）（Klink，2002），以及食品生物活性物质（food bioactives）（Gillies，2003）。不论使用什么术语，人们已清楚地认识到饲料成分至少由两部分组成：营养物质（nutrients）和其他不属于传统营养物质的生物活性成分——营养活性物质（nutricines），如图1-3所示。

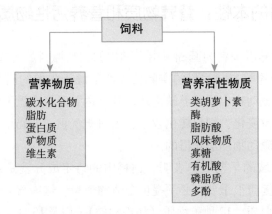

图1-3　饲料或食物组成成分（营养物质和营养活性物质）

营养活性物质在健康维护和疾病预防方面具有重要作用，它们的生物活性功能是所有健康营养学策略的一个重要方面。

营养活性物质，如有机酸、磷脂质和各种脂肪酸均可在植物性和动物性饲料原料中找到，而多酚、类胡萝卜素和寡糖主要发现在植物性饲料中。

很显然，各种营养物质和营养活性物质之间并不是相互独立、互不相容的。例如，脂肪酸和有机酸最终都用于细胞的能量供应，从这个功能上讲它们是营养物质；但是它们也有几种不同的和能量代谢不直接相关的生物活性，这方面它们又作为营养活性物质在发挥功能。

有规律地采食饲料的必要性意味着动物的细胞和组织要连续不断地接受来自极大变化的环境输入的影响。饲料采食总是不可避免地涉及多种营养活性物质以及必需的营养物质摄入变化。显然营养活性物质随着营养物质的摄入而摄入，因此在动物进化时饲料中种类繁多的营养活性物质一定会对动物的生长和发育产生多种影响也就不足为奇了，其中包括对胃肠道中的外部功能和细胞水平上的内部功能的影响。

如图1-3和表1-1所述，营养活性物质的活性是多元的，可在机体不同位点和水平上发挥作用。它们具有多种生物活性，包括能调理胃肠道避免肠道疾病，促进营养物质消化和吸收，这些都影响营养物质的利用效率。营养活性物质通过支持免疫系统来提供保护以对抗病原微生物，通过控制氧化应激来对抗非传染性疾病。

表1-1　不同营养活性物质及其生物活性

主要类别	举例	来源	生物活性
类胡萝卜素	叶黄素、番茄红素、辣椒红素	草、番茄、菠菜、辣椒	抗氧化剂，免疫调节剂
黄酮类	黄酮醇、黄烷酮、黄烷醇	蔬菜、柑橘类水果、绿茶	抗氧化剂，免疫调节剂
碳水化合物	抗性淀粉 非消化性寡糖	谷物、豌豆 菊苣、大豆、菊芋	增加大肠中的丁酸 改变肠道菌群，调控脂质代谢
有机酸	乳酸、柠檬酸、富马酸	水果、乳清副产品	抗菌活性
磷脂质	大豆卵磷脂、溶血卵磷脂	大豆、油菜籽	营养吸收
植酸	肌醇、六磷酸	谷物、大豆	抗氧化剂
生育酚类	γ-生育酚和δ-生育酚	植物油	抗氧化剂

营养活性物质在健康营养中营养作用的充分发挥，取决于营养活性物质、营养物质和基因组三者在DNA、RNA、蛋白质及代谢物水平上的多重互作关系（图1-4）（Roche，2006）。贯穿动物整个生命周期的营养物质和营养活性物质的性质和持续时间将对健康维护和疾病预防有重要影响。

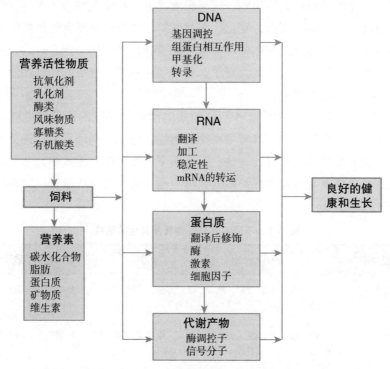

图1-4　饲料中营养物质和营养活性物质与影响生长和健康的DNA、RNA、
蛋白质及代谢产物的互作关系

许多营养活性物质在生化水平上对基因表达发挥控制作用，尽管先天的遗传结构和基因型对最终的表型结构有相当大的影响，但环境因素也极其重要。常规的环境因素，如饲料中营养活性物质的摄入在控制基因组基因表达和决定表型发展和所必需的生物学现象上发挥着主要作用。饲料就可以被看作为环境输入的一个来源，具有许多不同功能，在决定机体表型的基因/环境互作方面发挥了重要作用。

营养物质和营养活性物质在最简单的水平上通过上调基因和下调基因，以及影响随后的蛋白质水平来发挥直接的效应，许多复杂的时间依赖型互作效应也会发生。如早期营养会诱导基因组的表观遗传变异，这将对成年后出现疾病产生影响。这点在仔猪的断奶应激问题有突出体现。如果仔猪遭受了严重的断奶应激，那么它们将不再恢复全部的生长潜力，且仔猪的断奶应激可能诱发一些持续终生的表观遗传变异。

营养活性物质影响基因表达的一个例子就是对植物来源的营养活性物质的观察。姜黄素和咖啡酸是有效的血红蛋白加氧酶诱导剂，通过调节被称为抗氧化反应元件的调控子 DNA 序列来发挥诱导作用（Balogun 等，2003）。血红蛋白加氧酶是一种普遍存在的蛋白质，以保护细胞对抗氧化应激，在降解血红蛋白为一氧化碳、铁和胆绿素中发挥重要作用。

就健康维护和疾病预防而言，饲料的积极作用不可避免地被不利于健康的恶劣环境所抵消。动物必须与这个星球上的其他生物竞争，包括植物、昆虫、真菌、细菌和病毒，其中很多还是病原菌。环境中的许多化学物质是有毒的，特别是生物不得不对付"氧悖论"（Oxygen Paradox）。这个悖论就是：虽然氧是生命所必需的，但它因为各种氧化反应对生命而言又是有毒的。因此，动物要进化为一系列广泛的抗氧化分子和抗氧化策略来对付氧潜在的毒性作用。

近年来营养和生化研究已经取得了巨大进步，因此我们现在越来越了解不同饲料来源的分子在分子水平上发挥的作用。饲料成分影响免疫状态、病原体致病性、细胞增殖、DNA 修复，并调控氧化应激。所有这些因素对健康维护和疾病预防有深刻影响，因此阐明饲料在分子水平上的详细功能很重要。关于健康营养学的详细信息和基本情况在已出版的分子营养（*Molecular Nutrition*）（Zempleni 和 Daniel，2003） 或预防营养（*Preventive Nutrition*）（Bendich 和 Deckelbaum，2005）图书中进行过阐述。

需要重点强调的是，通常用于饲料配方的指标一般没有考虑营养在动物健康中的重要性，仅仅聚焦于健康动物的生产性能。这种考虑就是隐含地假设动物就是健康的且生产期间也保持健康。然而严酷的现实往往表明，情况并不总是这样，动物常常遭受恶劣健康和疾病的侵扰。

要发展一种积极的健康营养学策略，必须要考虑疾病的种类和来源，并试图找到支持健康维护和疾病预防的营养解决方案（Adams，2002），尽管不可能找到简单的治疗性营养措施来治愈患病动物。因此，健康营养的基本策略必须是预防性的并聚焦于健康维护和疾病预防。幸运的是这种做法与目前消费者和立法者的态度非常吻合，他们认为动物来源的食品应该来自于健康动物，而这种健康不应该是依赖于大量使用药物治疗而带来的健康。

四、营养活性物质和功能性食品

功能性食品这一术语通常仅限于人类营养，它起源于20世纪80年代的日本，用来描述那些强化了特定成分而赋予一定健康益处的食品（Hilliam，1998）。这一术语也被 Roberfroid（1999a）定义为"应是对动物福利、健康有一定相关影响或减少疾病风险的食物"。因此，功能性食品的优点通常是与健康维护和疾病预防相联系的，而不是食品的治疗作用。在这方面，"功能性食品"这一术语或许比正在使用的"保健食品"这一术语更好，后者有药物性和治疗作用的含义。

功能性食品科学的发展始于对抗氧化剂、植物化学物质、抗消化的低聚糖、具有生理功能性寡肽等的生理功能和潜在健康益处的认识（Arai，2005）。它们都可被称作营养活性物质。很显然，营养活性物质往往是功能性食品的有效成分，功能性食品的开发是健康营养学应用于人类营养的商业化体现。动物饲料通常不被称为功能性饲料，尽管它们有许多类似功能性食品中已发现的功能性特征。然而按照公众的认知，强调在健康营养学方案中将营养活性物质和营养物质类似人类功能性食品中的应用一样，在动物营养中也使用营养活性物质和营养物质应该是很有利的。实际上，一个有效的健康营养学方案是功能性饲料在动物中的设计和应用。这表明饲料和食物特性及性质间的进一步吻合，也是当今消费者关注的一个重要问题。

五、饲料的外部功效和内部功效

为了获得更快的生长和发育，动物必须持续地摄入由饲料提供的数千种不同分子组成的复杂混合物。这就意味着机体要持续地接触各种不同的化学实体物质，反过来这些物质又将发挥一系列生理作用。饲料摄入的这些效应可用两种不同的物理领域或位置来表示：一种是外部功效，即在胃肠道管腔，其实仍在机体之外；另一种是内部功效，即饲料成分被消化后经胃肠道管腔进入机体组织，如图1-5所述。各种营养活性物质和营养物质在消化道外部和消化道内部营养功效中扮演着重要角色。

不同饲料对动物在消化道内外部营养功效的影响因各种营养活性物质和营养物质的生物利用率差异而呈现复杂化。某种饲料中某一种成分的总含量不足以说明它的真实营养品质，任何特定的饲料成分往往只有一部分被机体消化和吸收，并发挥内部营养功效，而完整的饲料组成始终发挥的是外部营养功效。

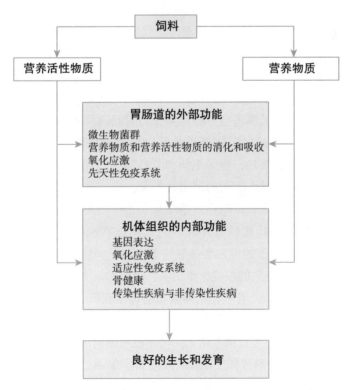

图1-5　胃肠道内外营养中的营养活性物质和营养物质

（一）饲料的外部功效：胃肠道中的营养

胃肠道是巨大而复杂的器官，代表着机体代谢与环境之间的界面。它广阔的表面积为大量的营养物质、营养活性物质、微生物及内源毒素的直接接触提供了场所。肠道上皮或者胃肠道的内壁必须保持良好的健康状态，才能防止病原体大量进入体内，但它的厚度又必须足够的薄才能主动转运营养物质。

胃肠道也是机体最大的内分泌器官，能产生至少20种激素、调节肽及其受体。它还是机体最大的免疫器官，是肠道相关淋巴组织中大多数淋巴细胞和其他免疫细胞的生存场所。免疫反应特别是先天性免疫系统对胃肠道的疾病预防和健康维护具有重要作用。

胃肠道不仅是摄入饲料的贮存库，而且还有非常复杂的微生物区系，呈现巨大的多样性，到目前为止这些微生物还没有被全部鉴定出来。通过分离肉仔鸡消化道中1 230个不同16S rRNA基因序列说明，很可能有超过1 000种不同的微生物菌株存在于肉仔鸡胃肠道中（Lu等，2003）。一般来说，胃肠道中的微生物种群按每千克体重计由1.5×10^{13}个病原与非病原微生物组成。现代营养的一个主要挑战就是如何管理好这些微生物，让它们有益于宿主动物，避免肠道疾病的发生。这就需要了解饲料中各种成分与胃肠道微生物的互作关系。

此外，胃肠道维持蛋白质和能量需要时要付出很高的成本，即要消耗巨大数量的营养物质用于维持、组织更新和营养物质的加工。这个器官任何的健康和效率改善都会促进机体全面的健康和发展。大家公认的一点就是动物生产中各种肠道疾病，如腹泻等是动物高效生长和生产的严重障碍。

相比胃肠道内营养，胃肠道外营养的一个非常重要的方面就是它能处理不同类型的分子。胃肠道的细胞要接触许多大分子，如日粮蛋白质、淀粉、纤维素、木质素、植酸和复杂的脂类。蛋白质和淀粉的很大部分先被消化成较小单元，然后才能被机体吸收。其中，氨基酸和葡萄糖在胃肠道内营养中发挥作用，不被消化的残余蛋白质和淀粉仍留在胃肠道中被微生物发酵。摄取饲料时其他到达胃肠道的大分子，如纤维素和木质素完全不能被单胃动物消化，这些分子的一部分也可能在大肠中被发酵成挥发性脂肪酸或者全部通过胃肠道而被排泄。

研究胃肠道外营养的一个主要目的就是管理胃肠道，以建立有利于益生菌（如乳酸杆菌和双歧杆菌）生长的条件，这些益生菌反过来会抑制病原菌的生长。这一点或可通过提供促进有益菌生长的非消化性寡糖或可发酵碳水化合物（益生元）来达到。在对病原微生物的抑制方面，有机酸在胃肠道中发挥了有益作用，且丁酸也是大肠细胞的能量来源之一。应该减少大肠中的蛋白质降解，并且日粮能提供足够的谷氨酰胺作为胃肠道细胞重要的能量来源。

饲料有效的消化和吸收最初依赖于饲料的本身特性。在欧盟，只从植物来源的原料中生产动物饲料有逐渐增加的趋势。然而，许多植物蛋白要比来源于肉类、骨粉和鱼粉的动物蛋白的消化性差。例如，谷物和油籽使用量的增加也增加了植酸和纤维含量，且单胃动物对植酸和日粮纤维的消化能力很差，植物来源的铁和钙也不易吸收（Neumann 等，2002）。这些问题中的一部分能通过添加饲料酶来解决。

被消化的饲料物质的吸收也取决于消化的成分是否是合适的形式（小单位的肽或碳水化合物），胃肠道是否处于良好的健康状态，以及饲料混合物中是否有抑制成分或促进成分的存在，如非消化性寡糖能增加胃肠道中钙的吸收（Van Loo 等，1999；Scholz-Ahrens 和 Schrezenmeir，2002）。显然，细胞必须能够吸收足够数量的各种营养物质和营养活性物质才能满足其维持良好生长和发育的代谢需要。

胃肠道外营养对宿主机体的健康通过微生物、消化生理、免疫刺激和炎症产生非常显著的影响。胃肠道是饲料源病原微生物感染的第一位点，肠道疾病是所有动物品种的主要健康障碍。因此，胃肠道外营养中饲料的一个重要功能就是避免肠道疾病，促进健康和生长。一些营养活性物质，如酶、磷脂和有机酸在胃肠道管理中扮演重要角色。

（二）饲料的内部功能：细胞层次上的营养

动物胃肠道内营养取决于胃肠道中饲料消化和吸收后提供的饲料成分。消化过程被释放和溶解的营养物质及营养活性物质，从最初的饲料基质中游离出来并散布或被转运到胃肠道肠壁细胞中，并在那里发挥各种作用，或被吸收进机体组织细胞而影响基因表达和其他代谢活动。胃肠道内营养的一个主要活动就是为能量代谢和生长发育所需的新细胞和组织的生物合成提供营养物质，这就是饲料或营养在细胞水平上的内部营养功效。营养研究的许多早期工作建立的避免缺乏症和促进生长的营养水平其实就是胃肠道内营养的特征。许多营养活性物质，如葡聚糖和类胡萝卜素已经是公认的细胞中的免疫调节剂（见第六章）。很显然，机体中高效的适应性免疫系统的发展为健康维护和疾病预防做出了重要贡献。目前的研究已表明，一系列的饲料原料包括碳水化合物、脂肪酸、氨基酸和类胡萝卜素都积极参与了相关基因表达的调控。营养物质和营养活性物质能调节转录因子的活性，它们结合到基因启动子区域内特定DNA序列的蛋白质上，以激活或抑制转录因子的转录。胃肠道内营养中的饲料成分在改变动物表型方面扮演着双重角色：一方面为动物表型的发展提供了必需的能量来源和原材料；另一方面饲料成分即营养物质和营养活性物质直接与基因型的相互作用，并修改动物最终表型的基因表达。

六、结论

用于食品生产的动物饲养是一个非常巨大而重要的全球性产业，现代动物生产中的健康维护和疾病预防是该产业目前的主要挑战，积极、有效地应对挑战对食品安全、控制人畜共患病的传染及正常的国际贸易都很重要。

动物在饲养期间可能会面临相当大的应激，表现为对传染性疾病的易感性增加，以及许多非传染疾病发展为传染性疾病。保持健康和避免疾病的主要途径就是通过营养来实现，健康营养学（NbH）将成为动物生产中的一个重要策略，这与消费者和立法者的关注相呼应。目前对日粮与动物健康之间关系的研究越来越多。然而动物饲料极其复杂，既包括营养物质，又包含生物活性成分——营养活性物质，健康营养学方案必须将二者都利用起来。饲料既在胃肠道内发挥了外部营养功效，又在机体代谢中发挥了内部营养功效。健康营养学概念的提出需要对日粮配方建议重新考虑，因为现在动物生产的目标不仅仅是避免动物出现营养缺乏，还要对动物进行健康维护和疾病预防。健康营养学的重要功能就是要让那些表面看来健康的正常动物保持健康和避免疾病。

（林瑞平　主译）

⊕ 参考文献

Adams C A, 1999. Nutricines food components in health and nutrition[M]. Nottingham UK：Nottingham University Press.

Adams C A, 2002. Total Nutrition feeding animals for healthand growth[M]. Nottingham UK：

Nottingham University Press.

Adams C A, 2006. Nutrition-based health in animal production[J]. Nutrition Research Reviews, 19: 79-89.

Anon, 2004. Opinion of the scientific panel on biological hazards on the request from the Commission related to Campylobacter in animals and foodstuffs[J]. The EFSA Journal, 177: 1-10.

Arai S, 2005. Functional food science[J]. Journal of the Science of Food and Agriculture, 85: 1603-1605.

Balogun E, Hoque M, Gong H, et al, 2003. Curcumin activates the haem oxygenase-1 gene via regulation of Nrf2 and the antioxidant–responsive element[J]. Biochemical Journal, 371: 887-895.

Bendich A, Deckelbaum R J, 2005. Preventive nutrition. The comprehensive guide for health professionals[M]. New Jersey, USA: Third Edition, Humana Press.

Biesalski H K, 2005. Meat as a component of a healthy diet- are there any risks or benefits if meat is avoided in the diet ?[J]. Meat Science, 70: 509-524.

Chadd S A, Davies W P, Koivisto J M, 2002. Practical production of protein for food animals. In: Protein Sources for the Animal Feed Industry. Proceedings of an Expert Consultation and Workshop, held at Bangkok, Thailand. FAO, Rome, 99-166.

Chapman H D, Johnson Z B and McFarland J L, 2003.Improvements in the performance of commercial broilers in the USA: analysis for the years 1997-2001[J]. Poultry Science, 82: 50-53.

Cheema M A, Qureshi M A, Havenstein G B, 2003. A comparison of the immune response of a 2001commecialbroiler with a 1957 randombred broiler strain when fed representative 1957 and 2001 broiler diets[J]. Poultry Science, 82: 1519-1529.

COBB, 1999. Commercial literature: Cobb 500 Maintaining the momentum.

Flock D K, 1998. Genetic-economic aspects of feed efficiency inlaying hens[J]. World's Poultry Science Journal, 54: 225-239.

Gillies P J, 2003. Nutrigenomics: the Rubicon of molecular nutrition[J].Journal of the American Dietetic Association, 103: S50-55.

Hilliam M, 1998. The market for functional foods[J]. International Dairy Journal, 8: 349-353.

Huff G, Huff W, Rath N, Balog J, Anthony N B and Nestor K, 2006. Stress-induced colibacillosis and turkey osteomyelitis complex in turkeys selected for increased body weight[J]. Poultry Science, 85: 266-272.

Klasing K C, 1998. Nutritional modulation of resistance to infectious diseases[J]. Poultry Science, 77: 1119-1125.

Klink L, 2002. Milk-derived bioactives[J]. The World of Food Ingredients, Sept: 28-35.

Kornman K S, Martha P W, Duff G W, 2004. Genetic variations and inflammation: a practical nutrigenomics opportunity[J]. Nutrition, 20: 44-49.

Kowalski A, Mormede P, Jakubowski K, et al, 2002. Comparison of susceptibility to stress in two genetic lines of turkey broilers BUT-9 and Big-6[J]. Polish Journal of Veterinary Science, 5: 145-150.

Levander O A, 1997. Nutrition and newly emerging viral diseases: an overview[J]. Journal of Nutrition, 127: 948S-950S.

Li Z, Nestor K E, Saif Y M, Anderson J W, et al, 2001. Effect of selection for increased bodyweight in turkeys on lymphoid organ weights, phagocytosis, and antibody responses to fowl cholera and Newcastle disease inactivated vaccines[J].Poultry Science, 80: 689-694.

Lu J, Idris U, Harmon B, et al, 2003. Diversity and succession of the intestinal bacterial community of the maturing broiler chicken[J]. Applied and Environmental Microbiology, 69: 6816-6824.

Neumann C, Harris D H, Rogers L M, 2002. Contribution of animal source foods in improving diet quality and function in children in the developing world[J]. Nutrition Research, 22: 193-220.

Roberfroid M B, 1999a. What is beneficial for health? The concept of functional food[J]. Food and Chemical Toxicology, 37: 1039-1041.

Roberfroid M B, 1999b. Concepts in functional food: the case of inulin and oligofructose[J]. Journal of Nutrition, 129 (Suppl.) 1398S-1401S.

Roche H M, 2006. Nutrigenomics- new approaches for human nutrition research[J]. Journal of the Science of Food and Agriculture, 86: 1156-1163.

Schneeman B O, 2000. Linking agricultural production and human nutrition[J]. Journal of the Science of Food and Agriculture, 81: 3-9.

Scholz-Ahrens K E, Schrezenmeir J, 2002. Inulin, oligofructose and mineral metabolism-experimental data and mechanism[J].British Journal of Nutrition，87，Suppl. 2：S179-S186.

Speedy A W，2002. Overview of world feed protein needs and supply. in：Protein Sources for the Animal Feed Industry.Proceedings of an Expert Consultation and Workshop，held atBangkok，Thailand. FAO，Rome pp. 13-34.

Steinfeld H，Gerber P，Wassenaar T，et al，2006. Livestock's long shadow[M]. FAO，Rome.Environmental issues and options.

Valstra L M，Tapanainen H，Männistö S，2005. Meat fats in nutrition[J]. Meat Science，70：525-530.

Van Loo J，Cummings J，Delzenne N，et al，1999.Functional food properties of non-digestible oligosaccharides：a consensus report from the ENDO project（DGX11 AIR11-CT94-1095）. British Journal of Nutrition，81：121-132.

Zempleni J，Daniel H，2003. Molecular Nutrition[M].Wallingford，UK：CABI Publishing.

第二章 CHAPTER 2

基因组、基因表达和饲料

　　生物体生长和发育的基本活动是受基因组中的基因所操控的。通过基因网络短暂的、器官特异性的表达或表达抑制来引导合成特定的蛋白，从而调控生物体的生长和发育。特定基因的表达模式会对外部或环境信号的改变作出反应，这会产生多种后果，如生长、分化、维持健康、预防疾病、疾病发作和生长抑制等。这并不奇怪，因为在生物体的进化过程中，许多生物活性日粮成分即营养活性物质能够在调控基因组表达的过程中发挥主要作用。营养活性物质是日粮中的重要组成成分，这类成分使得多细胞生物体能协调应对复杂的环境变化，从而影响机体的生长发育。目前，健康营养学（NbH）所面临的一个挑战就是要了解日粮成分对基因表达的影响，并确保为动物提供适宜的营养以利于影响基因的正常表达。

一、基因组

　　基因组是指生物体中有限数目的成对染色体上携带的全套基因。所有的物种都有其独特的一套染色体，如猪有19对、牛有30对、鸡有39对、人有23对。染色体位于细胞核内，是公认的细胞中几乎所有DNA的来源。染色体由染色质组成（Avramova，2002），是DNA和组蛋白的组合体。在一个典型的真核细胞中，如果它的 DNA 结构全部展开，其长度可达 2 米。如此长的 DNA 在真核细胞中，必须以一个紧凑且有组织的形式存在，从而使酶在接触 DNA 的高活性区域时，不会造成其他结构的崩溃。在染色体上的 DNA 也必须以一种特定的方式包装和组织，以使得差异基因转录、DNA 复制、基因重组和细胞分裂等许多核进程可以并存。

染色体全基因组 DNA 测序揭示了许多生物体基因组中基因的数目。大肠杆菌有 4 290 个基因，果蝇有 13 600 个基因，线虫有 18 424 个基因，小鼠和人的基因组约有 30 000 个基因，水稻可能有多达 55 000 个基因（Pennisi，2005）。

组蛋白是基本结构蛋白并携带正电荷，组成基因的 DNA 线性聚合体在组蛋白的协助下经过组织和压缩后存在于细胞核中。不同物种间组蛋白序列具有高度保守性，表明组蛋白在 DNA 复制和调整过程中是至关重要的。组蛋白与酸性、带负电荷的 DNA 相互作用，形成高度有序的染色质结构组织。这使得长链 DNA 分子的卷曲是可控的。组蛋白可以组装成特异的聚合结构，以可以控制其他蛋白和分子加入 DNA 分子本身。

（一）组蛋白修饰

在活细胞中，染色体必须被解聚，才能阅读 DNA，促进基因表达和随后 mRNA 的合成。反之，一个紧缩、高密度的组蛋白集合体将阻止 DNA 区域被访问，从而影响基因表达和转录机制及 mRNA 的生成。

因此，组蛋白具有多种形式的翻译后修饰，这也是 DNA 调节的主要基础。组蛋白序列翻译或修饰后的轻微变化，如乙酰化或磷酸化会减少正电荷的量，以影响与 DNA 的结合能力。只有组蛋白被修饰并释放出 DNA 时，复制和转录才可以正常进行。

因此，组蛋白乙酰转移酶系被认为是转录共激活因子。这些酶可以使组蛋白中特定的赖氨酸乙酰化。组蛋白乙酰化可以抑制局部组蛋白与 DNA 相互作用的不稳定性。有针对性的乙酰化使各个转录元件组装成具有功能的转录复合物。同样，细胞中也存在组蛋白去乙酰化酶系，这些分子机制使连续的转录可以得到控制。组蛋白去乙酰化酶的激活，使 DNA 恢复无活性的结构，从而使转录停止。基因活动的维持需要共激活因子，如乙酰转移酶的持续激活。在这种方式下，改变组蛋白的构象可以持续调控转录活性。组蛋白乙酰转移酶和去乙酰化酶抑制剂的共同作用成为调控基因转录的基本机制。

染色质中组蛋白缠绕包裹DNA，而组蛋白尾部的化学修饰，如乙酰化、甲基化、磷酸化、泛素化和ADP-核糖基化，被称为组蛋白的修饰。这些组蛋白修饰的模式组成了组蛋白密码，并可能在基因组的激活中起到重要作用（Strahl和Allis，2000）。而有趣的是，人们认识到膳食成分可以影响组蛋白的修饰。例如，在大鼠结肠上皮细胞中，短链脂肪酸、丁酸可成为组蛋白乙酰化的促进剂（Boffa等，1992）。丁酸的作用模式实际上是作为组蛋白去乙酰酶的有效抑制剂。组蛋白修饰是基因组整合、接触外在信号和内在信号的一种方式，从而使得基因表达受到调控，并最终改变表型。组蛋白密码的解密和测定膳食组成如何影响组蛋白修饰的研究，为了解营养与基因组的相互作用，以及对健康的影响提供了可能。

（二）DNA 甲基化

组蛋白修饰是基因组中一种可能的控制系统，同时基因组中也存在通过甲基化修饰DNA。脊椎动物的DNA甲基化主要发生在碱基胞嘧啶上，而在CpG二核苷酸上发生甲基化时，会使胞嘧啶产生鸟苷。DNA甲基化参与胞嘧啶环5位碳原子上的甲基化，即通过共价的形式结合一个甲基基团形成甲基胞嘧啶（图2-1）。

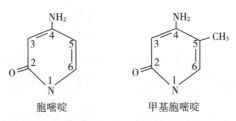

图2-1　胞嘧啶和甲基胞嘧啶

在哺乳动物基因组中，这种胞嘧啶的表观遗传修饰发生率约为5%（McCabe和Caudill，2005）。尽管它是可遗传的，但并不代表在基因组中的遗传信息会发生任何变化，只是额外添加了一个甲基基团，并未改变基因组的碱基序列。

DNA甲基化是DNA甲基转移酶利用S-腺苷蛋氨酸作为甲基供体实现甲基

转移，而S-腺苷蛋氨酸是通过蛋氨酸循环产生的。

　　DNA甲基化具有抑制基因转录的功能，此外甲基化模式可以在细胞分裂中连续稳定的遗传。这两个特征使甲基化非常引人注目，因为它是生物体发育过程中基因表达的潜在调节因子。现在DNA甲基化被公认为是许多生物，如脊椎动物、真菌和植物中重要基因活性的调控机制。

　　普遍认为，DNA甲基化是一个全面的转录抑制剂。甲基化胞嘧啶的位置贯穿整个基因组，从而防止正常染色体沉默的区域发生自发激活转录。另外，DNA甲基化是脊椎动物正常发育所必需的，至少有四类哺乳动物胞嘧啶的DNA甲基转移酶已被证实。

　　异常的DNA甲基化与许多疾病有密不可分的联系，如出生缺陷、癌症、糖尿病、心脏疾病和神经系统疾病。人类癌细胞往往呈现低甲基化的异常模式，这可能是肿瘤发生的重要因素（Gaudetet等，2003；Eden等，2003）。构建低水平基因组甲基化的试验小鼠突变体发现，这些突变体小鼠在出生时发育不良，4~8月龄时便会形成恶性肿瘤。这说明低水平DNA甲基化可能造成染色体稳定性下降，从而导致肿瘤的形成。

　　虽然药物和日粮的影响可以影响动物体内DNA甲基化的水平，但这种影响被证明是可以使动物恢复到正常状况的。这意味着，一旦了解了日粮成分对DNA甲基化的影响，便可以通过完善营养配比来维持动物体内正常的甲基化水平，从而维持机体健康。

　　与甲基化有关的基因沉默可以用DNA去甲基化剂5-氮杂-2′-脱氧胞苷（azadC）来消除（Lee和Chen，2001）。许多营养活性物质具有去DNA甲基化和激活甲基化沉默基因的能力。来源于茶多酚的没食子酸衍生物以及从大豆中提取的异黄酮，特别是木黄酮，能够重新激活被甲基化而导致沉默的基因，该机制是营养活性物质通过抑制DNA甲基转移酶活性而实现的（Fang等，2003，2005）。这种由营养活性物质实现的基因调控表观遗传的机制可能用于防治疾病。

　　一些营养物质也能够调控DNA甲基化，其中那些能供给或能够使甲基基团再生的物质最为重要，这些物质包括蛋氨酸、胆碱、叶酸和维生素B_{12}。甲基供体长期不足会降低DNA甲基化。通常，给动物饲喂含足够胆碱和蛋氨酸的配合饲料，一般就不会发生甲基供体不足的现象。然而DNA甲基化的模式很容易受到动物营养状况的影响，从而导致动物健康状况下降。因此，通过营养途径主动调节DNA甲基化是一个有价值的研究目标。营养物质和营养活性物质与DNA甲基化模式之间的潜在相互作用拓宽了营养和基于营养的健康营养学（NbH）的概念。

（三）表观遗传

DNA转录调控使细胞能够对环境因素，如营养状况或病毒感染作出相应反应。因此，不恰当的调节转录过程，可能导致严重的发育异常或疾病。DNA调控一个重要过程是通过改变表观遗传来实现的。基因组的表观遗传特征是由DNA甲基化和组蛋白修饰决定，两者都能改变基因的表达而不改变DNA序列。表观遗传变化决定基因的活跃或沉默。

越来越多的证据表明，许多非感染性疾病的发生及机体衰老是由异常的DNA甲基化和组蛋白修饰的改变而引起的。日粮中的许多成分，例如叶酸、蛋氨酸和胆碱可以通过影响DNA甲基化和组蛋白修饰，从而影响表观遗传学的变化。丁酸能抑制组蛋白去乙酰化酶活性，乙酰化可以使DNA结构更开放，从而对基因表达产生深远的影响。二烯丙基硫化物是大蒜中最典型的脂溶性有机硫化物，能够减少啮齿类动物的肿瘤形成，这也是大蒜抗癌的机制。将肿瘤细胞系暴露在二烯丙基硫化物中时，组蛋白去乙酰基酶活性受到抑制，组蛋白乙酰化增加，肿瘤细胞生长就会受到阻滞（Mathers，2005）。

基因组中的表观遗传学变化可能是饲料成分对动物机体的生长和发育持续影响的重要途径。基因组表观遗传学变化，为研究饲料成分对动物机体生长和发育的持久影响，提供了一条重要的途径。然而，这些基因组表观遗传标记是如何在基因表达调控及细胞功能改变之间相互作用的机制尚未得到阐明。

（四）基因组稳定性

饮食是影响基因组稳定性的一个关键因素，因为它能够影响所有相关的途径，包括日粮致癌物质、致癌物质解毒或激活、DNA修复、DNA合成和细胞凋亡（Fenech，2002，2003）。动物需要一些维生素和矿物质作为酶的辅助因子或者蛋白质结构的一部分来参与DNA代谢，其中包括维生素C、维生素E、维生素B_2、维生素B_6、维生素B_{12}、叶酸、烟酸及锌、铁、镁和锰等元素。这些元素在DNA合成和修复、预防DNA氧化性损伤，以及在维护DNA的甲基化过程中起重要作用（Fenech，2003）。很重要的一点是，微量营养元素缺乏可以导致与接触化学致癌物和电离辐射相同程度的基因组损伤。

目前，维生素和矿物质每日推荐摄取量（recommended daily allowance，RDA）主要基于预防营养缺乏症的目的。迄今为止，虽然这类营养缺乏疾病在现代生活中无论是动物还是人类中都比较少见，但在治疗各种非传染性疾病和发育性疾病的方面却很重要。而这些疾病在一定程度上都归结于DNA损伤。因此，确定关键营养物质和营养活性物质的最佳需要量以避免DNA损坏似乎更加科学。但是，维持基因组稳定性所需的营养物质和营养活性物质适宜需要量目前还未得到很好的确定。

作为引起疾病的根本原因，基因组失稳这一概念为健康营养学的研究提供了一种新的思路。基因组失稳可以通过提供充足营养来预防。此外，使用DNA损伤生物标记物精确诊断基因组失稳在技术上是可行的。因此，通过诊断基因组损伤是否减少，可以用来评估营养状况并验证该策略的功效（见第八章）。

二、基因组与表型

基因组是重要的信息资源库，其中包含了动物生长和发育的必需信息。因此，基因组稳态、组蛋白修饰及甲基化程度对疾病预防、健康维持非常重要。然而，所有有核细胞生物体都包含完全相同的遗传信息，基因组序列只提供静态信息，并不能描述在活细胞中的动态过程。它们无法解释生物体的复杂性，也无法提供关于表型或机体物理形态的信息。在动物生产中，想要获得一个合适的表型，通常通过机体细胞基因的表达，以使得基因型转化成表型。因此，最终的表型同时取决于基因型及相关基因型的表达。这在真核细胞中是一个非常复杂的过程，涉及几个不同水平的调控。

全基因组序列的表型转化始于活化基因的DNA转录，止于蛋白质的合成（图2-2）。基因表达的调节主要发生在DNA转录成信使RNA的过程中，转录是DNA遗传信息表达的基本过程。基因表达受众多的生物活性分子、某些RNA、激素和多种转录因子，如核因子κB（NF-κB）的控制。转录因子通过识别DNA碱基序列中的启动子区域来选择性地使基因激活或抑制。因此，转录因子作为治疗疾病的靶点和生物标记物的潜在目标激起了大家广泛研究的兴趣。许多外部因素影响mRNA翻译成蛋白质及蛋白质的翻译后修饰。

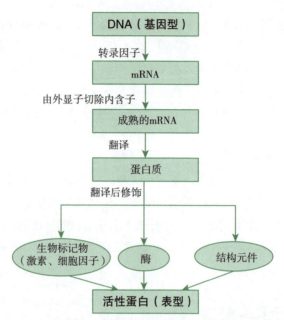

图2-2　DNA（基因型）到蛋白质（表型）的过程

——营养与mRNA翻译调控

很多情况下，控制活细胞中mRNA的翻译在调控细胞基因表达方面也起着关键的作用。mRNA为蛋白质的合成提供了模板，当细胞需要迅速增加某些蛋白质合成时，通过上调预先存在的mRNA的翻译水平，使细胞能够在不需要激活转录过程，也就是说不需要转录和翻译使其到达细胞质的情况下，就启动相应的蛋白合成。一般只有在应激或者营养利用受阻的情况下，才需要迅速合成蛋白质。

在遭受营养性应激或疾病应激时，基因会对应激作出响应从而增加mRNA的数量或者种类。铁蛋白的合成需要储存的铁作为原料就是一个很好的营养性应激影响mRNA翻译的例子。铁的摄取是很重要的，因为铁对生产血蛋白，如血红蛋白和细胞色素是必不可少的。但是铁离子是有毒的，它能够催化氧化反应，而且细菌的毒力可借助游离的铁得以大大增强。因此，要想获得天然抗感染能力，游离铁离子的含量应尽可能接近于零（Bullen 等，2005）。但是，随着铁利用率的提高，铁蛋白的合成会迅速增加，但是不会改变 mRNA 水平，这表明铁会增强铁蛋白 mRNA 的翻译能力。

三、环境因素的作用

基因型不依赖环境而存在，这是基因型固有的特征，也是每种动物的根本性特征。动物基因型是成千上万的基因在时间和空间上表达受到调控的结果，它指导着动物正常的生长发育、健康维持及疾病防御。然而基因型的表达不可避免地要受环境的影响。

环境和应激能够影响基因的表达，其中一个影响基因表达的便是饲料成分，特别是营养活性物质。饲料不仅是维持动物生命和健康的必需的营养来源，而且在机体细胞内部代谢过程中，它产生了大量的化学物质。饲料进入动物体内，经过多种生物化学反应，使细胞面临着多种多样的复杂成分，如营养物质、营养活性物质、惰性成分、微生物和可能的有毒物质等。同时，也有许多可变的非生物环境参数加入，如温度、压力、氧气、水和不同浓度的离子、金属及许多潜在的有毒化合物。

动物对一定程度上的环境变化很容易适应，但是当应激超过一定限度时会刺激动物作出代谢调整以抵消应激的负面影响。若超过应激极限，动物就会出现机体损伤甚至死亡。

生物机体对环境应激的承受能力取决于生理机能和新陈代谢调节的能力，并在遗传背景下，贯穿生物体整个生命周期。基因与环境的互作，能阐明生命体通过表型变异成功地适应环境应激的能力。然而，这种通过基因的表达响应和适应环境应激的作用机制目前未得到很好的阐明。显然，环境应激造成的蛋白质类型或蛋白质浓度的变化应归因于某些基因表达的变化。

动物对生物性和非生物性应激的适应是通过一系列级联反应（cascade）和网络调节活动来进行的，它始于应激感知，止于目标基因的表达。构成应激与响应关系的重要环节有应激刺激源、应激感受装置、转导物、转录调节、靶基因和应激反应。动物受到应激时，会通过应激感知触发一系列通路或者网络变化，最终影响靶基因的表达。对应激的最终响应包括形态、生化和生理变化（Pastori 和 Foyer，2002）。

尽管动物的生长和发育是基因型和环境相互作用的结果，但有时却很难区分基因型或环境因素所占的比重。所有与基因型互作的环境因素中，营养也许是最重要的一种，它可以对动物的生长起到十分重要的作用。

这从肉鸡和蛋鸡生长率的差异上便可以得到印证。不同的育种程序和饲喂制度都能够使饲喂肉鸡料的6周龄肉鸡体重达到蛋鸡体重的5倍（Zhao 和 Grossmann，2002）。饲喂肉鸡料的蛋鸡体重也比饲喂蛋鸡料时多增重35%。相反，与饲喂肉鸡料相比，饲喂蛋鸡料的肉鸡体重减少了51%。显然，除了基因型的影响，在环境影响中，饲料类型在控制体重方面也起着十分重要的作用。

这进一步表明基因表达的营养性调控是控制动物生长的主要因素。在细胞水平上，下丘脑生长激素抑制素 mRNA 的表达量在肉鸡采食肉鸡料时，显著低于蛋鸡采食蛋鸡料。饲喂肉鸡料可以下调蛋鸡生长激素抑制素 mRNA 的表达量，但是肉鸡采食蛋鸡料时，mRNA 的表达量会上调。日粮对垂体生长激素及肝脏生长激素受体的表达有明显的作用。

生物对环境应激的承受能力取决于生理机能和新陈代谢调节的能力，并在遗传背景下，贯穿生物体的整个生命周期。基因与环境的互作，可阐明生命体通过表型变异成功地适应环境应激的能力，重要性是因为动物的表型特征决定了生产上的成败。

四、营养与基因表达

目前已经被证实，食物中的许多生物活性成分可以直接影响基因表达。营养活性物质能够调控基因的表达。图2-3所示的葡萄糖对基因表达的调控就是营养物质调控基因表达的一个显而易见的例子（Corthésy-Theulazet 等，2005）。来源于食物的碳水化合物被吸收后，产生的一些代谢物质能够减少内源性葡萄糖的产生，并通过肝脏将糖原变成脂肪储存在脂肪组织。反之，如果饮食中可利用的葡萄糖减少，葡萄糖利用途径被抑制时，葡萄糖合成通路就被激活。这些代谢途径是通过基因表达水平变化来调节的。高碳水化合物日粮诱导肝脏中几个关键糖酵解酶和脂肪合成酶的表达。

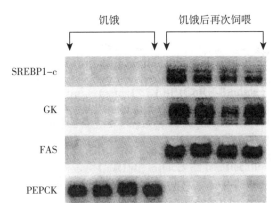

图2-3　饥饿及饥饿后再次饲喂高碳水化合物日粮的大鼠其肝脏中的基因表达情况

注：SREBP1-c，编码介导胰岛素活性的转录因子；GK，参与肝脏中葡萄糖酵解的第一个酶葡萄糖激酶；FAS，将过量的葡萄糖转化成脂肪的脂肪酸合成酶；PEPCK，磷酸烯醇式丙酮酸激酶的mRNA合成情况。

资料来源：Corthésy-Theulaz等，2005（S. Karger AG已授权）。

　　许多动物饲料通常含有大量脂肪和油，这些脂肪和油在被加热或加工后可能产生高水平的过氧化物，导致氧化应激从而使机体产生不良的代谢反应。经过热处理的饲料脂肪能够激活肝脏中某些基因的表达（Sulzle等，2004）。被氧化的脂肪能上调编码参与线粒体和过氧化物酶体β-氧化，以及脂肪酸羟基化蛋白质的基因表达。此外，这些基因被激活后并不能通过补充维生素E来调节。即使是适度的氧化应激（即非细胞毒性）也会特异性下调多种基因的表达水平（Morel和Barouki，1999）。因此，氧化应激可调节基因表达，同时也会导致DNA和脂质等重要分子降解。

　　植物雌激素是多功能的化合物，其中研究最广泛的是大豆和其他一些豆类中的异黄酮。大多数日粮都含有染料木素、大豆黄素和大豆苷元等异黄酮的混合物（图2-4）。异黄酮也以糖苷、乙酰葡萄糖苷和丙二酰葡萄糖苷的形式存在。它们参与雌激素受体介导的代谢，且在有关妇女健康方面的作用已引起了大家广泛的兴趣（Cassidy，2005）。传统意义上，植物雌激素被视为弱雌激素，当摄入一定量的大豆食物制品时，血清异黄酮的水平可以达到雌二醇的100～1 000倍。因此，即使这些化合物在体内具有弱的生物效应，但也具有潜在的生理效应。然而目前尚不清楚植物雌激素是否在维持动物健康方面有作用。

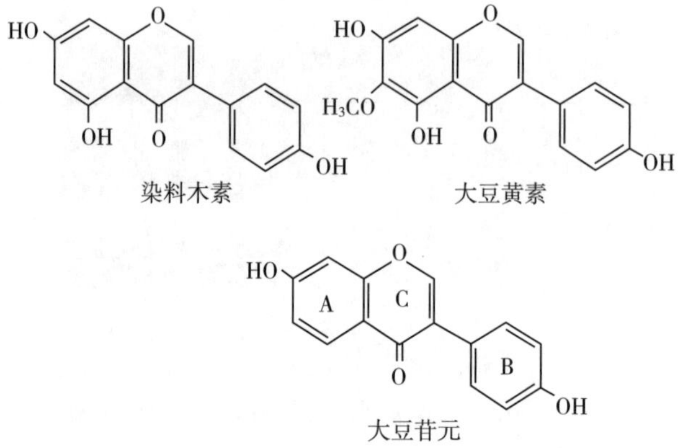

图2-4 异黄酮混合物

姜黄素是另一种营养活性物质，它有多种分子活性功能（Lin和Lin-Shiau，2001；Shapiro和Bruck，2005）。姜黄素是一种在香料姜黄中发现的强烈的着色剂，早已广泛使用于多种食物当中，如咖喱和芥末，同时也用于化妆品和药品。然而姜黄素的分子作用机制相当复杂多样。它可以作用于从基因组DNA到mRNA的不同水平并影响酶的活性；可以强力清除活性氧（reactive oxygen species，ROS），有助于防止脂质、血红蛋白和DNA的氧化降解。另外，姜黄素似乎还具有多种抗肿瘤作用。姜黄素增加第2阶段保护性酶，如谷胱甘肽转移酶、环氧化物水解酶、NADPH、醌还原酶和血红蛋白加氧酶的活性；同时抑制致癌物活化第1阶段的酶，如细胞色素P450。

姜黄素（图2-5）和咖啡酸这两种营养活性物质是有效的血红蛋白加氧酶诱导剂，该诱导剂是一个无处不在的蛋白质，同时能够保护细胞免受氧化应激损伤（Balogun等，2003）。它在将血红蛋白降解为一氧化碳、铁和胆绿素过程中具有重要的作用。血红蛋白加氧酶活性是通过一个抗氧化反应元件的调节性DNA序列介导的。各种营养活性物质可以直接与基因组相互作用，从而影响基因的表达，这就是日粮抗氧化剂的双重作用。在经典的抗氧化反应中，它们可以通过直接中和活性氧来保护组织免受氧化应激损伤，另外也可以通过调控基因的表达起到抗氧化作用。

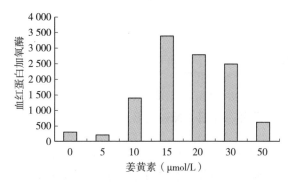

图2-5　姜黄素刺激血红蛋白加氧酶活性的作用

[资料来源：（Balogun 等，2003）]

类胡萝卜素也能够激活基因表达（Ruhl 等，2004），它通过与孕烷 X 受体相互作用来保护机体抵抗有毒物质。

沙门氏菌的 *hilA* 基因是其致病性的调节因子，直接参与沙门氏菌对肠上皮细胞的入侵。中链脂肪酸能显著减少 *hilA* 基因的表达，这对降低沙门氏菌对家禽的侵染有积极作用（Van Immerseel 等，2004）。

已有大量证据表明，胎儿或新生儿的营养不良会影响基因表达（Langley-Evans，2006）。例如，给妊娠大鼠饲喂低蛋白日粮，则血管紧张素 Ⅱ AT2 受体的表达可以得到调控。DNA 芯片研究表明，下丘脑中的 102 个基因和肾中的 36 个基因的表达可以由子宫内蛋白质调控。尽管营养与基因表达的关系可以被证实，但不能确定这些基因的表达变化是引起各种疾病的原因还是结果。不过很显然，营养水平与基因表达的变化、健康或疾病的平衡都有关系。

在现代动物营养中，大豆蛋白是单胃动物和家禽生产主要的蛋白质来源。在养猪生产中，尤其是仔猪断奶后大豆蛋白通常取代母乳中的酪蛋白成为主要的蛋白质来源。有趣的是，给大鼠饲喂大豆蛋白并用酪蛋白作为对照发现，两种蛋白在基因表达上具有不同的效果（Tachibana 等，2005）。利用 DNA 芯片对大鼠肝脏中基因的表达进行分析结果表明，相比于酪蛋白组，给大鼠喂食大豆蛋白后，63 个基因的表达出现了上调，57 个基因的表达出现了下调。这些基因大多数参与生化功能，如抗氧化活性、能量代谢、脂质代谢和转录调控。在脂质代谢中，下调的基因都与脂肪酸合成有关，上调的基因则涉及胆固醇合成和类固醇分解代谢。大豆蛋白不仅是日粮氨基酸来源，而且有可能在改变一些基因的表达中起有利的作用。

五、转录因子

（一）核转录因子-κB（NF-κB）

营养活性物质控制新陈代谢的另一方面是通过影响转录因子NF-κB的活性来实现的。这种蛋白质能调控促炎性细胞因子mRNA的转录，如肿瘤坏死因子-α（tumor necrosis factor-α，TNF-α）、白细胞介素-1β（interleukin-1β，IL-1β）和白细胞介素-6（interleukin-6，IL-6）。它通常在细胞中与抑制性蛋白IκB结合成非活性配合物。响应对外部的促炎刺激，信号传导级联反应被激活，从而导致IκB的磷酸化及降解，将NF-κB移位至核中，通过结合DNA启动基因表达。

核因子κB具有非常广泛的生化活性，响应广泛的各种物质及条件的变化，它参与超过175个基因的激活或失活。从它在细胞质中的定位可以看出，NF-κB充当信使的角色，将外部信号向细胞核传递并协调细胞应答（图2-6）。它可以刺激免疫系统，这在传染性疾病防治过程中十分重要。核因子κB在炎症反应中具有重要作用，在各种非传染性疾病，如心脏疾病、关节疾病和癌症中也起到重要作用。

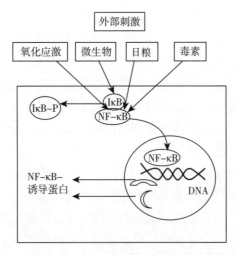

图2-6 很多环境因素影响NF-κB的激活从而导致保护性蛋白的合成

核因子κB在炎症细胞中维持较高活性，在某些癌症中也有异常活性 (Marx，2004)。有证据表明，NF-κB能抑制癌症细胞凋亡（程序性死亡）进而促进癌症发生 (Djavaheri-Mergny等，2004)。姜黄素能抑制NF-κB的活化，通过与DNA结合，以抑制促炎因子，如细胞因子TNF-α的后续转录 (Shapiro和Bruck，2005)。没食子酸酯是天然抗氧化剂没食子酸的衍生物，能通过阻断NF-κB的活化而起到抗炎的效果 (Murase等，1999)。

不同的营养活性物质，如红酒和绿茶中的抗氧化剂可能通过抑制NF-κB而起到抗癌的作用。鉴于NF-κB参与广泛的生理功能调控，很可能有越来越多的生物活性分子或营养活性物质在影响NF-κB的过程中起重要作用。

（二）转录因子——p53

蛋白质p53是在响应DNA单链断裂、缺氧、氧化损伤和核苷酸不平衡时激活的另一个转录因子 (Prives和Hall，1999)。它直接结合到DNA损伤位点，可用作自身损伤探测器。此外，细胞中p53的表达和活性有多个水平的调节方式。主要的调节范围是转录、翻译，翻译后调节包括磷酸化、乙酰化、细胞定位和蛋白质的稳定性。

DNA损伤的细胞表达p53诱导诸如Bax和Bcl-2蛋白。Bcl-2蛋白是一种存活蛋白质，与促细胞死亡蛋白Bax竞争。因此BCL-2∶Bax的值，在决定细胞死亡和最终细胞命运的敏感性方面起关键作用。可以改变这个比例的有钙螯合剂，如EGTA（乙二醇四乙酸）和BAPTA[双 - (邻-氨基苯氧基) 乙烷-N，N，N′，N′-四乙酸]。让细胞接触EGTA或BAPTA会导致Bcl-2的mRNA水平持续下降而Bax基因在24h内增加，这对细胞而言是致命的 (Mizuno等，1998)。

被激活的p53可以诱导细胞生长停滞或启动程序性细胞死亡（细胞凋亡）。在小部分的DNA损坏时，p53蛋白的表达水平仅轻微增加，细胞生长停止以便有时间修复损伤的DNA。在大量DNA损伤时，p53大量表达，细胞将会死亡。

植酸是一种常见的动物饲料成分，也能够上调p53基因的表达 (Saied和Shamsuddin，1998)。因此植酸在体内和体外都具有新的抗癌作用。它能抑制细胞生长，减少细胞增殖，从而引起多种肿瘤细胞株的分化。

在动物营养学中，植酸通常被认为是不可利用的磷源，通过添加植酸酶水解植酸，可以使之成为可利用的磷。令人好奇的是，植酸可能是一种在激活和产生转录因子p53中可利用的营养活性物质。此外植酸似乎也对结肠形态产

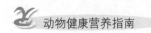

生有益的影响（Jenab 和 Thompson，2000）。

六、营养基因组学

近年来，随着越来越多的生物基因组序列的揭秘和蛋白质组技术的发展，营养基因调控和基因功能相关的研究得以进行（Mathers，2004）。营养基因组学试图研究营养对基因组表达的影响，其中必须考虑不断变化的细胞营养环境和静态基因组之间的相互作用。营养基因组学主要研究营养活性物质如何调节靶组织，以及系统地评估细胞基因的表达模式。营养活性物质可以使基因产物激活或失活，并在代谢途径中扮演开关的角色。

研究营养基因组学有助于阐明不同营养活性物质对基因表达响应的差异。营养基因组学的实际意义是在遗传和分子的水平上，揭示日粮特别是营养活性物质，如何通过改变个体的遗传组成结构影响健康和疾病之间的平衡（Kaput，2004）。营养基因组学面临的挑战是要了解日粮成分如何影响基因表达，以及它们如何抵消不良环境对众多生物所带来的负面影响。

营养基因组学提供了许多探究日粮和健康互作的方法。例如，通过关注疾病状态及回溯疾病发展过程，可以识别参与该疾病过程的早期基因。这些基因可以作为靶目标，用来鉴定调节它们表达的营养活性物质，从而治愈该疾病（Elliot 和 Ong，2002）。

另一种替代的方法是先从健康状态评估开始，检查营养活性物质对全序列基因表达调控的影响。日粮对基因表达模式的某些特定的效应将有助于了解疾病的发展过程；反过来会促进对于营养影响健康的进一步认知，并对制定营养方案提供指导。

七、结论

基因组是细胞或组织中全部遗传信息的储存库，并且可以通过改变组蛋白或进行 DNA 甲基化修饰反过来来影响基因组。这些影响是表观遗传学的变化，对正常发育过程是必需的，并可以通过日粮成分进行调控。营养也会影响基因组的稳定性，而基因组失稳是疾病的根本原因。表型是基因型和环境之间相互作用的结果，许多日粮成分可以影响基因型到表型的转化，可以影响基因mRNA的合成和表达。饲料原料可能直接影响基因的表达，也可以在不同组织和不同的环境条件下激活调节特定系统基因位点的转录因子。营养基因组学研究营养和基因型表达之间的关系，具有重要的现实意义。营养基因组学试图为日粮特别是营养活性物质如何影响健康和疾病之间的平衡提供一个遗传和分子的解释。这也会进而促进人类对于营养调节健康认知的发展，并且为制定营养方案提供指导。

（马曦　主译）

⊕ 参考文献

Avramova Z V, 2002. Heterochromatin in animals and plants. Similarities and differences[J]. Plant Physiology, 129: 40-49.

Balogun E, Hoque M, Gong H, et al, 2003. Curcumin activates the haem oxygenase-1 gene via regulation of Nrf2 and the antioxidant-responsive element[J]. Biochemical Journal, 371: 887-895.

Boffa L C, Lupton J R, Mariani M R, et al, 1992. Modulation of colonic epithelial cell proliferation, histone acetylation, and luminal short chain fatty acids by variation of dietary fibre (wheat bran) in rats[J].The Genome, Gene Expression and Feed Cancer Research, 52: 5906-5912.

Bullen J J, Rogers H J, Spalding P B, et al, 2005. Iron and infection: the heart of the matter[J]. FEMS Immunology and Medical Microbiology, 43: 325-330.

Cassidy A, 2005. Dietary phyto-oestrogens: molecular mechanisms, bioavailability and importance to menopausal health[J]. Nutrition Research Reviews, 18: 183-201.

Corthésy-Theulaz I, den Dunnen J T, Ferré P, Geurts J M W, et al, 2005. Nutrigenomics: The impact of biomics technology on nutrition research[J]. Annals of Nutrition and Metabolism, 49: 355-365.

Djavaheri-Mergny M, Javelaud D, Wietzerbin J, et al, 2004. NF-kB activation prevents apoptotic oxidative stress via an increase of both thioredoxin and MnSOD levels in TNFa-treated Ewing sarcoma cells[J]. FEBS Letters, 578: 111-115.

Eden A, Gaudet F, Waghmare A, et al, 2003. Chromosomal instability and tumors promoted by DNA hypomethylation[J]. Science, 300: 455.

Elliot R, Ong T J, 2002. Nutritional genomics[J]. British Medical Journal, 324: 1438-1442.

Fang M Z, Wang Y, Ai N, et al, 2003. Tea polyphenol (-) epigallocatechin inhibits DNA methyltransferase and reactivates methylation-silenced genes in cancer cell lines[J]. Cancer Research, 63: 7563-7570.

Fang M Z, Chen D, Sun Y, et al, 2005. Reversal of hypermethylation and reactivation of p16INK4a, RARß, and MGMT genes by genistein and other isoflavones from soy[J]. Clinical Cancer Research, 11: 7033-7041.

Fenech M, 2002. Micronutrients and genomic stability: a new paradigm for recommended daily allowances (RDAs) [J]. Food and Chemical Toxicology, 40: 1113-1117.

Fenech M, 2003. Nutritional treatment of genome instability: a paradigm shift in disease prevention and in the setting of recommended dietary allowances[J]. Nutrition Research Reviews, 16: 109-122.

Gaudet F, Hodgson J G, Eden A, et al, 2003. Induction of tumours in mice by genomic hypomethylation[J]. Science, 300: 489-492.

Jenab M, Thompson L U, 2000. Phytic acid in wheat bran affects colon morphology, cell differentiation and apoptosis[J]. Carcinogenesis, 21: 1547-1552.

Kaput J, 2004. Diet-disease gene interactions[J]. Nutrition, 20: 26-31.

Langley-Evans S C, 2006. Developmental programming of health and disease[J]. Proceedings of the Nutrition Society, 65: 97-105.

Lee H S, Chen Z J, 2001. Protein-coding genes are epigenetically regulated in Arabidopsis polyploids[J]. Proceedings of the National Academy of Science (USA), 98: 6753-6758.

Lin J-K, Lin-Shiau S-Y, 2001. Mechanisms of cancer chemoprevention by curcumin[J]. Proceedings of the National Science Council, ROC (B), 25: 59-66.

Marx J, 2004. Inflammation and cancer: the link grows stronger[J]. Science, 306: 966-968.

Mathers J C, 2004. What can we expect to learn from genomics[J]? Proceedings of the Nutrition Society 63: 1-4.

Mathers J C, 2005. Nutrition and epigenetics – how the genome learns from experience[J]. British Nutrition Foundation Nutrition Bulletin, 30: 6-12.

McCabe D C, Caudill M A, 2005. DNA methylation, genomic silencing, and links to nutrition and cancer[J]. Nutrition Reviews, 63: 183-195.

Mizuno N, Yoshitomi H, Ishida H, et al, 1998. Altered bcl-2 and bax expression and intracellular calcium signalling in apoptosis of pancreatic cells and the impairment of glucose-induced insulin secretion[J]. Endocrinology，139：1429-1439.

Morel Y，Barouki R，1999. Repression of gene expression by oxidative stress[J]. Biochemical Journal，342：481-496.

Murase T，Kume N，Hase T，et al，1999. Gallates inhibit cytokine-induced nuclear translocation of NF-κB and expression of leukocyte adhesion molecules in vascular endothelial cells[J]. Arteriosclerosis，Thrombosis and Vascular Biology，19：1412-1420.

Pastori G A，Foyer C H，2002. Common components，networks and pathways of cross-tolerance to stress. The central role of "redox" and abscisic acid-mediated controls[J]. Plant Physiology，129：460-468.

Pennisi E，2005. Why do humans have so few genes[J]. Science，309：80.

Prives C，Hall P A，1999. The p53 pathway[J]. Journal of Pathology，187：112-126

Ruhl R，Sczech R，Landes N，et al，2004. Carotenoids and their metabolites are naturally occurring activators of gene expression via the pregnane X receptor[J]. European Journal of Nutrition，43：336-343.

Saied I T，Shamsuddin A M，1998. Up-regulation of the tumor suppressor gene p53 and WAFI gene expression by IP6 in HT-29 human colon carcinoma cell line[J]. Anticancer Research，18：1479-1484.

Shapiro H，Bruck R，2005. Therapeutic potential of curcumin n non-alcoholic steatohepatitis[J]. Nutrition Research Reviews，18：212-221.

Strahl B D，Allis C D，2000. The language of covalent histone modifications[J]. Nature，403：41-45.

Sulzle A，Hirche F，Eder K，2004. Thermally oxidised dietary fat upregulates the expression of target genes of PPAR-alpha in rat liver[J]. Journal of Nutrition，143：1375-1383.

Tachibana N，Matsumoto I，Fukui K，et al，2005. Intake of soy protein isolate alters hepatic gene expression in rats[J]. Journal of Agricultural and Food Chemistry，53：4253-4257.

Van Immerseel F，De Buck J，Boyen F，et al，2004. Medium-chain fatty acids decrease colonization and invasion through hilA suppression shortly after infection of chickens with Salmonella enterica serovar enteritidis[J]. Applied and Environmental Microbiology，70：3582-3587.

Zhao R，Grossmann R，2002. Regulation of growth in poultry：impact of nutrition. 11th European Poultry Conference，Archivfür Geflügelkunder，66：38.

第三章 CHAPTER 3

饲料-病原体互作

当病原微生物侵入动物胃肠道并最终感染机体时，机体便会出现一系列严重的疾病症状。目前已经确立某些引起肠道疾病的细菌的致病机制，其中最重要的一步是细胞黏附于胃肠道壁；肠道疾病发展的第二阶段则是病原体随后在胃肠道中的增殖。因此，健康营养学（NbH）发展的基本目标是必须能够发现和利用各种饲料原料，以及和其他具有生物活性的饲料成分和营养活性物质（Adams，1999，2002），去抑制病原体的黏附、生长过程，并确保日粮不会增加病原体的毒力。

一、病原体黏附

通常认为，肠道、口腔和呼吸道细菌的黏附是病原体定植和引发疾病所必需的。而且，当细菌黏附在组织表面时，细菌抵抗免疫因子、溶菌酶和抗生素杀灭的能力显著增强。细菌成功黏附于组织表面能够更好地获得营养成分，从而进一步增强自身的生存概率和传染疾病的能力。因此，细菌黏附是发病的关键阶段。宿主暴露于病原体后，采取措施避免病原体黏附，可以避免疾病的发生（Ofek 等，2003）。

病原体的黏附通常需要细菌识别宿主细胞的受体，这些宿主细胞受体通常是细胞膜表面的低聚糖。这些低聚糖也可以与乳蛋白食物，如乳源酪蛋白糖巨肽（caseinoglycomacropeptide）相耦合。这些分子存在于胃肠道中便可以充当致病细菌的诱饵。通过将抗黏附分子添加到动物日粮中以减少常见胃肠道致病菌的黏附，将会成为控制病原体感染一个的办法。

对人类细胞培养模型的研究发现了酪蛋白糖巨肽具有一定的抗黏附性能（Rhoades 等，2006）（表3-1）。与对照组相比，酪蛋白糖巨肽能够降低非产毒性大肠杆菌菌株50%的黏附，并将产毒性大肠杆菌菌株的黏附从80%降低到10%。但同时，酪蛋白糖巨肽也减少了其中一些乳酸杆菌的黏附，因此，这也有可能降低其作为日粮添加剂的有效性。一般来说，饲料成分只有能够被胃肠菌群中的病原体选择性地识别，才能起到抗细菌黏附的作用。

表3-1　在人类细胞培养中酪蛋白糖巨肽对细菌黏附的影响

检测的微生物	相对于对照组的黏附（%）
大肠杆菌12900（非产毒性）	51
大肠杆菌13127（非产毒性）	46
大肠杆菌13128（非产毒性）	31
大肠杆菌O111：H27（肠致病性）	87
大肠杆菌O110：H4（肠致病性）	37
大肠杆菌O128：H12（肠致病性）	4
戊糖乳杆菌	44
嗜酸性乳杆菌	81
干乳酪杆菌	42

蔓越莓汁被证实至少含有两种抗黏附剂（Ofek 等，2003）。其中一种可能是大分子的单宁，另一个是原花青素（protoanthocyanidin）。单宁可以抑制肾盂肾炎大肠杆菌黏附到动物细胞上，但对引起腹泻的大肠杆菌黏附并没有作用。这恰好可以解释为什么蔓越莓汁可以控制泌尿系统感染的原因。

非消化性低聚糖中的甘露糖作为致病细菌的配体能防止其黏附或侵入胃

肠道壁。对火鸡的研究表明，甘露寡糖的促生长效果与抗生素生长促进剂的相似（Parks等，2001）。火鸡生产性能的改善可能是由于减少了在农场简陋条件下与病原体的接触概率，但是并没有直接证据可以证明这一点。

饲料成分抗黏附疗法的发展，对维持动物健康和预防疾病很富有前景。从饲料原料中获得抗黏附分子的优势是其毒性不会太大，然而找到在动物饲料中使用的具有广谱性又经济的抗黏附化合物仍存在极大的困难。

二、抑制病原体生长

（一）饲料原料

一些零散的证据表明，多种饲料原料可以抑制动物胃肠道中病原菌的增殖。

1. 猪

普遍认为，3~4周龄断奶会使仔猪产生应激，降低采食量、生长速率和饲料转化率。产生这一现象的原因是胃肠道菌群的紊乱及肠道形态的破坏进而导致生长率降低。近些年来，抗生素被广泛地用于仔猪日粮中，并在一定程度上缓解消化功能紊乱。但是，欧盟在2006年1月禁止在饲料中使用抗生素生长促进剂，因此现在对于NbH的研究越来越多，以弥补抗生素使用出现的严重后果。

早期断奶仔猪的日粮中蛋白质的含量较高，而这可能促使病原菌在消化道中的增殖，从而增加断奶仔猪出现腹泻等的概率。一种有效的解决方案是在仔猪饲料中减少蛋白质用量，同时补充各种氨基酸。这种措施可以减少胃肠道中用于细菌生长的底物，从而有利于仔猪健康。相比于对照组饲喂18%粗蛋白的日粮，饲喂仅含有8.9%粗蛋白及较高纤维的低养分日粮，可以显著降低断奶仔猪患大肠杆菌肠毒血症的严重程度（Bertschinger等，1979）。同时，相比于对照组26%的毒血症死亡率，处理组仔猪无毒血症死亡病例。然而，在加入含有高质量可消化蛋白质的鲱鱼粉后，反而抵消了低蛋白日粮的保护作用，这就意味着降低日粮蛋白含量是十分重要的。通常情况下，高蛋白日粮不能被仔猪完全消化和利用，过量的蛋白质会被胃肠道中的细菌（如大肠杆菌）所利用。但是在另一项研究中却发现，将仔猪饲料中的蛋白质含量从23%降低至19%，最终导致仔猪的出栏体重降低、平均日增重和饲料转化率也有所降低（Nyachoti等，2006）。显然，从一般生产的角度来讲，这些现象是不希望被看到的。但是这样的饲喂方式有利于降低食糜pH和氨含量（表3-2）。23%蛋白含量的高蛋白日粮能够使食糜的pH达到最高值，这会给肠道病原体，如大肠杆菌提供一种更有利的生长环境；而低蛋白日粮食糜的pH相对较低，同时能够显著减少氨的产生，从而减少动物体内的氨在肝脏中进行解毒时所造成的代谢应激。

表3-2　低蛋白日粮对仔猪消化道不同区段食糜pH及氨含量的影响

食糜参数	日粮粗蛋白（%）	十二指肠	空肠	回肠
pH	23	5.88	6.32	6.74
	21	5.65	6.01	6.03
	19	5.95	6.06	6.09
食糜氨含量（mg/L）	23	17.68	35.28	71.96
	21	13.78	33.57	49.26
	19	10.70	27.08	42.45

如果氨基酸平衡能够得到很好的保证，饲喂低氮日粮不一定会降低生长猪的生产性能（Tuitoek等，1997）。将体重为20~55kg的猪的日粮中粗蛋白含量从16.6%降低至13.0%，并不会降低平均日增重、饲料转化效率和蛋白沉积。可见，如果适度降低仔猪和生长猪日粮的蛋白质含量并不会对猪的生产性能造成不利影响，反而有益于健康。

仔猪断奶后出现的大肠杆菌病（post weaning collibaccillosis，PWC）是一种由多因素造成的疾病，该病的发作受营养影响（Pluske等，2002）。给仔猪饲喂煮熟的大米和动物蛋白源的饲料对仔猪断奶后出现的大肠杆菌病有很好的防治效果（McDonald等，1999）。给猪饲喂煮熟的大米和动物蛋白质源的基础日粮，能够对以感染猪螺旋体和以短螺旋体为代表的猪痢疾的动物起到类似的保护作用（Pluske等，1996）。虽然这些结果并没有在欧洲的研究中得到验证（Lindecrona等，2003）。此研究中以熟大米为主的日粮中含有较低的非淀粉多糖及抗性淀粉，并没有对猪短螺旋体造成的痢疾起到缓解的作用。但饲喂发酵液体饲料能够得到最好的效果。然而在近期的研究中，熟大米和蛋白日粮对仔猪大肠杆菌病治疗的有效性却再次得到证实（Montagne等，2004）。研究表明，动物蛋白能够被植物蛋白代替，同时其保护作用并不会减弱。此外，将羧甲基纤维素加入到熟大米中能够增加食糜的黏度，从而增加仔猪断奶后大肠杆菌病的发生概率，这也说明了日粮对肠道紊乱的发生也起着一定的作用。

这些日粮中碳水化合物和动物蛋白的高消化率有助于避免细菌感染（McDonald等，1999；Pluske等，1996）。饲料原料中易消化的营养成分会迅速被胃肠道吸收从而限制小肠可发酵底物进入定植着大部分胃肠道菌群的大肠。添加羧甲基纤维素的结果进一步证实了这个结论。食糜黏度增加会降低营养物质消化和吸收效率，从而使得更多的营养物质被病原菌所利用。

用熟大米替代仔猪日粮中的熟玉米能够增加仔猪采食量、提高营养物质消化率和仔猪生产性能（Mateos等，2006）。但是，这种做法并不能将动物需要治疗腹泻的时间降低到2d以下，但腹泻总天数与饲喂熟玉米的9.0d相比降低至3.2d。饲喂熟大米的仔猪日采食量可达659g，高于饲喂熟玉米的623g，而仔猪生长早期采食量是一个重要的健康和生产性能指标。由此可见，熟大米在仔猪日粮中可能是一个有价值的饲料原料。

回肠炎或猪增生性肠炎会导致猪的采食量和生长速率降低，死亡率增加。这类疾病是由胞内劳森氏菌感染胃肠道细胞引起的，在现代化生猪生产中是一种多见的且难以治疗的疾病。

通过在猪饲料中添加10%~20%干酒糟，从而减少回肠炎发病率的研究工作已经开展（Whitney等，2006）。然而，在这三种疾病的研究中，干酒糟只对一种疾病的治疗起到较好效果。通过营养调控增加猪的抗病力与感染的严重程度有关，而干酒糟只有在猪受到严重感染时才起到微弱的作用。

2. 牛

有研究表明，相比于给牛饲喂谷物，饲喂干草可以减少大肠杆菌0157：H7数量（Callaway等，2003）。大肠杆菌不是牛的致病菌，但会导致人出现出血性结肠炎，从而致命。尽管这样做在食品安全方面对人体的健康有益，但将牛的饲料从谷物突然换成干草，在很多情况下是不实际的。不过它的确表明了未来的研究策略，通过营养方案解决健康问题是有可能的。

3. 家禽

如今，空肠弯曲杆菌（*Campylobacter jejuni*）是食品安全研究的一个主要病菌，它在许多肉食动物特别是肉鸡的胃肠道中可以被无症状携带（Mead，2002；Park，2002）。弯曲杆菌能在肉鸡群中快速进行水平传播，严重污染加工后的胴体（Shanker 等，1990）。虽然肉鸡受弯曲杆菌感染很常见，但传染的源头还不清楚。当饲料被弯曲杆菌故意污染并在室温下储存48h后，供培养的弯曲杆菌细胞很难存活下来（Mills 和 Phillips 等，2003），这表明该细菌在饲料中生存是不太可能的。弯曲杆菌对干燥、高氧、高低温都比较敏感，因此在现代化饲料加工中，运输和存储系统不太可能被弯曲杆菌污染。由于不是通过饲料传播，因此通过普通的饲料卫生程序不会改善弯曲杆菌的污染问题。然而，当弯曲杆菌出现在胃肠道内时，会仍然需要以饲料为基础的处置方法来控制空肠弯曲菌和改善食品安全。

饲料原料也对空肠弯曲杆菌有一定的影响（Udayamputhoor 等，2003）。当禽类采食豆粕、菜籽粕、玉米蛋白粉等植物源性蛋白时，比采食肉粉、家禽副产品、鱼粉和羽毛粉等动物源性蛋白粉，能感染更少的弯曲杆菌（表3-3）。

表3-3 肉鸡饲喂动物或植物性蛋白对弯曲杆菌的脱落与肠道污染的影响

蛋白来源	脱落比例（%）	弯曲杆菌比例（%）	
		盲肠	空肠
动物性蛋白	85.7	6.3	3.4
植物性蛋白	66.6	4.9	2.8

饲喂植物性蛋白家禽的日粮弯曲杆菌的定植率较低，是由日粮中的各种组成成分综合影响而造成的。基于植物性蛋白质的饲料中含有各种非淀粉多糖，这些多糖可以在家禽盲肠中发酵成有机酸，这对弯曲杆菌是不利的。铁是弯曲杆菌生长过程中必不可少的微量元素，然而植物性蛋白日粮中所含的铁要少于动物性蛋白日粮。

其他诸如韭菜、大蒜和洋葱在现代动物营养中并不常用但却具有抗弯曲杆菌作用（Lee 等，2004），这些表明植物来源的饲料原料可能对弯曲杆菌的控制起积极作用。

球虫是家禽的一种重要寄生虫病，也受到饲料成分的影响（Persia，2006）。给雏鸡饲喂常规玉米/豆粕型日粮时，急性或慢性球虫病感染会降低生产性能、代谢能和氨基酸消化率。但是当用15%鱼粉替代部分豆粕时，球虫病的感染大大降低（表3-4）。在减少对球虫病感染的炎症反应方面，鱼粉的鱼油部分可能具有有益效果（ω-3脂肪酸被认为是鱼油中抗炎作用的有效成分）。

表3-4　艾美耳球虫卵接种仔鸡后饲喂玉米/豆粕或玉米/豆粕/鱼粉日粮
　　　　对仔鸡生产性能的影响

饲料	感染球虫状况	体增重（g/d）	采食量（g/d）	FCR
玉米/豆粕日粮	对照	357	508	1.42
	严重	310	486	1.56
	慢性	322	469	1.46
玉米/豆粕/鱼粉日粮	对照	365	499	1.37
	严重	349	490	1.40
	慢性	361	492	1.36

（二）营养活性物质产品

动物饲料内还含有许多生物活性成分和营养活性物质，如抗氧化剂、类胡萝卜素和有机酸等营养活性物质这些营养活性物质正越来越多地在NbH策略中得到使用。抗氧化剂和类胡萝卜素的作用将在第六章和第七章进一步讨论。

1.有机酸

市场上有许多不同种类有机酸，他们以游离酸或各种铵盐、钙盐、钾盐、钠盐的形式存在（表3-5）。通常这些酸都是小分子，分子质量小于200kDa。

表3-5　饲料中使用的各种酸及其盐

醋酸	富马酸
苯甲酸	乳酸
苯甲酸钾	乳酸钙
苯甲酸钠	磷酸
丁酸钠	丙酸
柠檬酸	丙酸铵
柠檬酸钠	丙酸钙
甲酸	山梨酸
甲酸钙	山梨酸钾
甲酸钾	酒石酸

许多有机酸，如乙酸、丁酸、柠檬酸、富马酸、乳酸和丙酸都是饲料的天然组成成分，或者是在胃肠道中通过发酵非消化性碳水化合物产生的。这些有机酸即使在高剂量使用时，对动物或人的细胞也是无毒的；但即使是低剂量，它们对微生物也会造成很强的细胞毒性。在胃肠道中，这些有机酸可以充当非致病性细菌生长的底物或碳源，同时它们也能抑制致病菌生长。在欧盟禁止使用抗生素生长促进剂后，有机酸已成为一类非常重要的营养活性物质，在饲料卫生方面得到越来越多的关注，它们可能对 NbH 具有很大的应用价值。它们已经广泛应用于仔猪和生长育肥猪的饲料上，以有效解决消化道出现的问题（Partanen 和 Mroz，1999）。

非常有趣的是，丁酸有杀菌作用，同时也在肠上皮细胞发育中发挥作用。对上皮细胞的正常发育很重要（Pryde 等，2002），是肠道细胞的主要能量来源。但游离的丁酸很难直接用于饲喂，因为它有刺激性气味。此外，游离的丁酸很容易在消化道前段迅速被代谢而难以到达大肠。为了克服这些问题，丁酸通常以单酰甘油、二酰甘油和三酰甘油的混合物的形式来进行研究（Leeson 等，2005）。感染球虫病时，饲料中添加0.2%的丁酸有助于保持肉仔鸡生产性能及胴体品质。

在美国，火鸡幼禽肠炎和死亡综合征（poult enteritis and mortality syndrome，PEMS）对于火鸡是一个主要的疾病威胁。该综合征是由细菌和病毒刺激并损伤火鸡雏鸡肠道而引起的。同时该综合征也会引起雏鸡免疫功能的紊乱，从而增加易发细菌易感性的可能，使得雏鸡最终感染致死。发生该综合征时，将1.25%丙酸混合物加入火鸡饲料虽然无法遏制疾病，但会将累积死亡率降低50%（图3-1）（Roy 等，2002），并且在死亡高峰开始暴发时，会延迟死亡的发生时间。饲料中添加1.25%有机酸可以降低饲料受微生物污染的概率，同时减少小肠和盲肠中的细菌数量。因此，就会像图3-1显示的那样，降低禽类病原菌的感染率，从而降低禽类的死亡率。

鸡蛋、禽肉和猪肉受沙门氏菌污染，是一个严重的公共卫生问题，需要在动物生产过程中加以避免和控制。动物营养对沙门氏菌的控制起重要作用，因为它可以影响动物胃肠道的菌群（Coma，2003 年）。给猪饲喂颗粒饲料和干料比只饲喂湿糊状料更容易受到沙门氏菌污染，因为湿料的其因发酵而形成了有机酸。然而饲料粒度也影响沙门氏菌的污染，粒度较大的饲料可以最大程度预防沙门氏菌。这也是由于大粒糊状料饲料刺激胃肠道产生了乳酸、乙酸、丙酸和丁酸，这也和乳酸杆菌增多和大肠菌数减少有关（Coma，2003）。

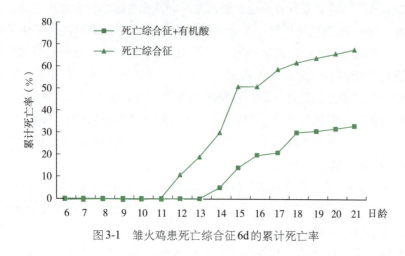

图3-1　雏火鸡患死亡综合征6d的累计死亡率

在猪的营养方面，中链脂肪酸已经被认为是另一种潜在的抗生素生长促进剂的替代品（Dierick等，2002）。进一步的研究表明，中链脂肪酸具有抗沙门氏菌的活性，且其生物活性高于短链脂肪酸，如甲酸、乙酸、丙酸和丁酸（Van Immerseel等，2004 a）。

胞内劳森氏菌（*Lawsonia intracellularis*）是导致猪患增生性肠炎的重要病原体。尽管乳酸无法降低猪感染短螺旋体（*Brachyspira hyodysenteriae*）引起的痢疾（Lindecrona等，2003），但是给感染后的猪饲喂含有2.4%乳酸的饲料可显著降低其感染短螺旋体4周后肠道致病性病变的概率（Boesen等，2004）。

有机酸被广泛应用于家禽和猪的常规饲料中，以减轻各种肠道问题，这种情况下乳酸通常被称为"酸化剂"，但这实际上是一个误称。在饲料中添加有机酸只能略微降低饲料中的pH，并不能显著降低胃肠道pH，因为消化道是一个高度缓冲的系统。表3-6中显示，仔猪饲料中添加1.5%富马酸或1.5%柠檬酸（Risley等，1991），不能降低胃或其他肠段食糜pH。Canibe等在2005年的研究中再次证实，添加1.8%的甲酸仅略微降低胃中食糜pH，而对胃肠道中的其余部分没有效果。显然，有机酸对动物的生长和生产性能方面的促进作用，并不是通过酸化胃肠道中的食糜而引起的。不过，这些营养活性物质仍然具有影响胃肠道中病原菌的作用。

表3-6 饲料中添加1.5%的富马酸或柠檬酸对8周龄仔猪胃肠道食糜pH的影响

肠道部位	处 理		
	对照	富马酸	柠檬酸
胃	4.73	4.30	4.83
空肠	7.06	7.01	7.00
盲肠	5.96	6.04	6.05
结肠末端	6.51	6.53	6.47

这些酸作为抗菌剂作用的准确机理仍然没有确立（Cherrington等，1990）。在外部低pH条件下，这些未解离的有机酸分子是亲脂性的，易于进入微生物细胞内，然后分解成质子和阴离子。质子和阴离子都对微生物细胞具有抑制作用。其中包括刺激细胞膜电位的紊乱（Eklund，1985），以及减少RNA、DNA、蛋白质、脂质和细胞壁的合成速率（Cherrington等，1990）。然而，在胃肠道内胃的远端食糜的pH要比上述的有机酸的pKa值都高（表3-6)，因此更多的是阴离子在发挥作用。

2. 氯酸盐

给动物饲喂氯酸钠是减少大肠杆菌O157 ：H7数量的另一种方法（Edrington等，2003）。存在于大肠杆菌中的硝酸盐还原酶可以将氯酸盐作为硝酸的类似物加以利用。氯酸盐能变成有毒代谢产物亚氯酸盐从而杀死细菌细胞。目前已经成功地测试了基于氯酸盐的产品对抗肉仔鸡中沙门氏菌的感染效率（Byrd等，2003）。虽然氯酸钠对于动物具有低毒性，但这样的营养策略可能会面临严重的饲料监管限制。

3. 酶

营养物质快速消化和吸收在NbH中是一个相当重要的方面。因为它减少了在肠道中能够被病原微生物利用的底物残留。目前，在应用酶（Bedford，2000）和溶血磷脂的领域已经取得了相当大的进展（Schwarzer和Adams，1996；Xing等，2004）。猪饲料中添加溶血磷脂可以显著提高干物质、粗蛋白和能量消化率（Dierick和Decuypere，2004）。将木聚糖酶添加至以小麦为主的肉用仔鸡饲料中，木聚糖酶能够将盲肠弯曲杆菌数降低至大约10 000CFU/ g，但这不足以改善食品安全（Fernandez等，2000）。感染密螺旋体（*Brachyspira intermedia*）的母鸡的小麦日粮中添加商品酶制剂，能够减少粪便中微生物的含量（Hampson等，2002）。然而，在随后的研究中给母鸡食用添加酶的小麦日粮并未显著减少密螺旋体定植，这也许能够反映出是使用了不同酶制剂的缘故。在第一个试验中，用的是木聚糖酶和蛋白酶的混合物（Hampson等，2002）；而第二个试验，只使用了木聚糖酶（Phillips等，2004）。

菠萝中的菠萝蛋白酶（bromelain）已经被证实具有许多系统性效应（Hou等，2006）。据报道，这种酶可以起到抗炎、降血压、调节免疫系统和抵御微生物感染的作用。当用含有稳定性菠萝蛋白酶的饲料饲喂大鼠7d后，它们能够表现出明显的抗炎反应，这可以从注射脂多糖（lipopolysaccharide，LPS）时，血清中细胞因子显著减少加以说明。菠萝蛋白酶的抗炎作用也降低了大鼠肝脏LPS诱导的核因子κB（NF-κB）的活性，以及环氧化酶2 mRNA的表达。菠萝蛋白酶的蛋白水解活性是呈现机体这些系统效应所必需的。这提供了一个可能性，即有些饲料酶对动物健康的影响可能与饲料的消化无直接关系。

4.生物活性多肽

日粮蛋白质通过生物活性肽（bioactive peptides，BAP）对动物全身代谢发挥作用。这些来源于饲料成分的生物活性肽是具有生理作用的蛋白片段，能够对身体功能产生影响，最终影响健康。这些肽在原来蛋白的序列内是无活性的，但可以在蛋白水解消化过程中释放出来。目前，许多日粮蛋白来源中激素样肽的初级结构和活性已经被鉴定（Froetschel，1996）。植物性蛋白和动物性蛋白都包含BAP。在动物体内，它们可能具有许多不同的活性，如影响心血管、内分泌、免疫系统、神经系统，以及具有各种抗菌活性（Mine和Kovacs-Nolan，2006）。

牛奶和鸡蛋的蛋白产生的生物活性肽已被广泛研究。已被证实，由卵清蛋白经酶消化产生的肽对枯草芽孢杆菌有很强的杀菌作用，对大肠杆菌、支气管炎博德特氏菌、绿脓假单胞菌、沙雷氏菌和白色念珠菌的作用相对较轻（Pellegrini等，2004）。未来有可能用特定来源的蛋白质设计日粮配方，通过产生营养活性物质，如BAP从根本上改善动物的健康。

5.非消化性寡糖

那些不易消化的饲料成分经常被称为益生素，它们对宿主动物具有正面效应，其机制是通过选择性地刺激宿主大肠有益菌的生长从而改善动物健康（Gibson和Roberfroid，1995）。它们其中一些也可充当病原体黏附抑制剂。

非消化性寡糖（non-digestible oligosaccharides，NDO）、菊粉、乳酸都可改善猪胃肠的健康（Pierce等，2005），也可以改善十二指肠和空肠的形态。

然而，日粮中同时包含菊粉和乳酸，能够增加结肠中乳杆菌和大肠杆菌的数量，这显然与非消化性寡糖支持有益菌生长、抑制有害菌生长的概念不相符。在这项研究中，只有与乳酸结合菊粉才能对猪的胃肠道健康产生有益的影响。

棕榈仁粕含有高 β - 甘露聚糖，也是另一种的非消化性寡糖来源（Sundu 等，2006）。β - 甘露聚糖与酵母细胞壁具有类似的性质，也具有免疫调节活性。β - 甘露聚糖在胃肠道中水解可产生多种甘露寡糖。然而 NDO 在影响胃肠道微生物区系方面尚没有得到明确阐明。也未发现果寡糖对肠道微生物有任何影响（Mikkelsen 等，2003）。虽然 NDO 作为动物健康改善剂很有吸引力并具有简单、实用、安全性等优点，但是想要探索它们在动物营养方面如何被利用及如何积极调节胃肠道微生物，还需要做很多工作。此外，也有相当多已发表的文献表明 NDO 具有免疫调节剂的效果，这部分内容将在第六章中讨论。

6.精油

多年来，许多研究已经证实多种精油和其中的一些成分具有抗菌活性。目前已有人用 66 种油类及其组分对几种具有重要经济意义的病原体的抑菌活性开展了广泛的研究。发现对鼠伤寒沙门氏菌 DT104、大肠杆菌 O157 ： H7 有抑菌活性，对乳酸杆菌和双歧杆菌也有轻微的抑制作用（Gong 等，2006）。精油内活性最高的成分为百里酚、香芹酚、肉桂油、丁香油和丁子香酚。用猪盲肠食糜与测试的化合物共同培养发现，这些化合物对培养后的病菌有选择性抑菌作用。这表明它们可能会在体内起作用，但这种假设需要进一步探究。

（三）病原体毒力的调控

传染病是由病原微生物入侵宿主后发生的。然而仅仅是感染性微生物存留在动物的身体中，不一定会导致疾病的后续发展，宿主的饮食和营养状况也会影响病原微生物的毒力。

1.坏死性肠炎和产气荚膜梭菌

坏死性肠炎及产气荚膜梭菌等许多梭菌能够分泌很强的毒素，从而导致人类和动物患严重的疾病，如破伤风、肉毒中毒、气性坏疽和坏死性肠炎。特别是产气荚膜梭菌，它是一种家禽体内重要的病原体，如果不加以控制，会导致鸡、火鸡和鹅产生坏死性肠炎（Van Immerseel 等，2004b；McDevitt 等，2006；Dahiya 等，2006）。该疾病会使小肠壁产生病变，从而导致家禽食欲不振、排深色粪便、生长缓慢和死亡率增加。

该疾病的急性表现形式是可导致肉鸡以每天1%的死亡率连续数天，在饲养期的最后1周总死亡率高达50%。产气荚膜梭菌对肠黏膜造成损害的亚临床表现形式是导致营养物质消化吸收降低，进而使家禽呈现增重减少、饲料转化率降低。这两种类型的疾病都会严重影响家禽生产的经济效益。

家禽产气荚膜梭菌有通过食物链传给人类的风险。产气荚膜梭菌与空肠弯曲杆菌和沙门氏菌都是人类最常见的食源性病原体。因此家禽坏死性肠炎的控制既包括了动物生产和福利层面，也包含了食品安全层面。在过去，对该疾病的控制无法通过使用抗生素生长促进剂来实现，因此必须研发NbH的方法。

梭菌通常发生在健康鸡群中，但小肠的pH及氧气浓度较高的环境不利于微生物的大量繁殖，因此当该病菌群体数量较少时并没有致病性。该疾病症状的出现必须有一些应激反应或触发因素，以使梭菌增殖和迁移到小肠的下部。导致禽类易患坏死性肠炎的原因包括：肠道内膜被球虫或其他细菌损伤、免疫抑制和饲料特性。

最重要的诱发因素可能是球虫病原体引起的肠道损伤，特别是球虫中的巨型艾美耳球虫和堆型艾美耳球虫很容易使禽类患坏死性肠炎。如果家禽饲料中不添加抗球虫药物，会不可避免地导致坏死性肠炎的增加。

饲料成分也被认为是诱发坏死性肠炎的重要因素之一。与玉米型日粮相比，以小麦或大麦为主要原料的日粮会使肉鸡坏死性肠炎的发病率增加（Branton等，1987）。饲喂小麦型日粮时，坏死性肠炎的死亡率是饲喂玉米型日粮的6~10倍（表3-7）。而饲喂小麦和玉米等量混合日粮时，肉鸡呈现中等水平的死亡率。

表3-7　饲喂不同类型日粮对患坏死性肠炎的42日龄肉鸡生产性能的影响

日粮类型	体重（kg）	FCR	死亡率（%）
玉米	1.749[a]	1.946[a]	12/420（2.9）
小麦	1.659[a]	1.861[b]	101/350（28.9）
玉米/小麦	1.757[a]	1.871[b]	44/350（12.6）

注：同列上标相同小写字母表示差异不显著（$P>0.05$），不同小写字母表示差异显著（$P<0.05$）。

与采食玉米型日粮相比，肉鸡采食大麦型日粮时，坏死性肠炎亚临床的发病率升高（Kaldhusdal和Hofshagen，1992）。该病使肉鸡饲料转化率提高，生长迟缓。

虽然有明确证据表明，家禽饲喂以小麦或大麦为基础的日粮比饲喂玉米型日粮更容易发生坏死性肠炎,但具体原因尚不明确。Branton等于1996年研究了小麦戊聚糖提取物,并认为小麦的水溶性戊聚糖不能够直接促进产气荚膜梭菌的生长,但是小麦的戊聚糖对产气荚膜梭菌很可能有间接作用。戊聚糖也许可以抑制原本控制产气荚膜梭菌生长的其他肠道微生物,或者可直接刺激肠道分泌物增加,从而促进产气荚膜梭菌定植。

也报道指出,许多日粮因素能够影响家禽坏死性肠炎的发生(表3-8),(McDevitt等,2006)。除了谷物含量外,日粮蛋白质也在禽类坏死性肠炎中起着重要作用。日粮中含有相对较多的蛋白质,或者含有较难消化的蛋白质会使蛋白质集中在胃肠道的下部,这就为病原体的生长提供了底物。产气荚膜梭菌由于不能合成20种必需氨基酸中的13种,因此在富含蛋白质的环境下,产气荚膜梭菌的增长才能得到促进。此外,胃肠道下部的蛋白代谢产生的氨气和胺,也会提高食糜的pH,从而更加有利于产气荚膜梭菌的生长。

表3-8 影响家禽胃肠道进而发生坏死性肠炎的日粮组成因素

日粮组成因素	促进(+)或抑制(-)坏死性肠炎的机制
高水平的小麦和大麦	高水平的非淀粉多糖,改变了食糜黏度(+)
淀粉类型	抗性淀粉成为肠道微生物的底物(+)
蛋白水平和可消化性	肠道中蛋白浓缩,成为产气荚膜梭菌的底物(+)
抗氧化剂	上调免疫反应相关基因的表达,抑制肠道损伤(-)
霉菌毒素	破坏肠道,抑制免疫反应(+)
颗粒饲料	影响肠道形态结构,导致更多养分流向肠道后段(+)
添加酶制剂	改善养分的消化率,减少肠道食糜黏度(-)
感染艾美耳球虫	破坏肠道壁(+)

在家禽生产中,控制坏死性肠炎的发生仍然是一个重要的健康问题。过去几年,抗生素生长促进剂——阿伏霉素作为饲料抗梭菌剂被使用,但现在已经被欧盟禁止使用。多种中链脂肪酸,如月桂酸、肉豆蔻酸、癸酸、油酸和辛酸等对体外产气荚膜梭菌都表现出了一定的抑制效果(Skrivanová等,2005)。但并不一定意味着这些化合物在体内一定会产生效果。多种营养活性物质,如益生素、益生菌、酶、精油、有机酸和鸡卵抗体都已经被用于减少家禽坏死性肠炎的研究中(Dahiya等,2006)。

治疗禽类患坏死性肠炎方法的研究一直备受关注。将一般日粮换成以玉米为主的日粮在世界的许多地方是不可能实现的，而且这一做法只能起到减轻疾病的作用，并不能有效控制疾病。对于家禽而言，保持一个健康、稳定的肠道环境，降低微生物应激、化学应激和物理应激十分重要。饲料中真菌污染必须得到控制，才能避免产生霉菌毒素及随即而来的免疫抑制。在饲料生产中使用良好及稳定的油脂和脂肪能够减少氧化应激。饲料保持较为一致的物理特性是很重要的，这样能够避免动物肠壁受到刺激。

坏死性肠炎在家禽生产中往往是分散性发病的，这对研究造成了极大的困难，使得一系列抗梭菌产品试验难以进行。同时，实验室也很难建立起这种试验模型，从而很难通过研究室可靠地再现这种疾病。因此，仍然需要一个有效的营养方案，来解决家禽坏死性肠炎的问题。

2.沙门氏菌

沙门氏菌是一个主要的食源性病原体，它可以造成家禽侵入性沙门氏菌血清型肠炎。这种侵袭毒力由基因 *hilA* 控制，中链脂肪酸、己酸、辛酸和癸酸可以减少这种基因的表达（Van Immerseel 等，2004）。这些中链脂肪酸很容易掺入到家禽饲料中，并在一定程度上防止家禽受沙门氏菌的侵袭。

许多非消化性寡糖具有缩短仔猪感染鼠伤寒沙门氏菌的恢复时间，并改善肠道功能（Correa-Matos 等，2003）。大豆寡糖和果寡糖也能减少感染鼠伤寒沙门氏菌的相关症状。一种对于降低毒力的解释是，这些非消化性寡糖能够增加结肠中短链脂肪酸，如乙酸、丙酸和丁酸（图3-2）的含量。这些短链脂肪酸是胃肠道细胞良好的能量来源，它们能够改善胃肠道的消化和吸收能力，从而有助于仔猪抵抗鼠伤寒沙门氏菌的毒性。

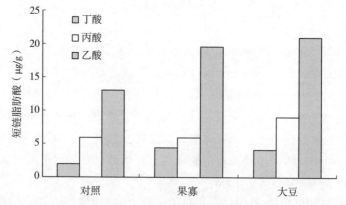

图3-2 饲喂果寡糖或者大豆寡糖后仔猪结肠食糜中短链脂肪酸的含量

三、病毒与抗氧化剂

动物在正常的细胞代谢过程中会不断产生具有强氧化性的化学物质，这些化学物质被称为活性氧簇。氧化应激的概念是当抗氧化防御系统能力下降时，活性氧在体内蓄积。这一问题正在成为医学和营养学领域重要的研究对象，因为氧化应激已经被证实与多种病毒病包括肝炎、流行性感冒和艾滋病的发病机制有关（Beck 和 Levander，1998）。活性氧是由病毒感染引起的如肺和呼吸道上皮细胞炎症的关键参与者。

柯萨基病毒和心肌炎：研究表明，在中国硒缺乏症和柯萨基病毒是引起克山病的重要原因（Beck 等，1994）。在小鼠试验中，当小鼠患维生素 E 或硒营养缺乏症时柯萨基病毒的表型会发生改变，从而使非致病性菌株改变为致病性菌株；将病毒接种到营养充足的小鼠体内时，这种表型依然得以保持（表3-9）（Beck，1997）。

更进一步的研究表明，病毒表型的变化是基因型的改变使得非致病菌的基因序列变得更加类似于致病毒株的核苷酸序列，因此宿主的营养状况会对潜在的病原体的毒力产生直接影响。这一现象表明了营养能够驱动病毒的进化，从而使能够变异的病毒表现出不同表型特征。

表3-9　接种过由缺乏硒和维生素 E 康复的小鼠采集的非致病柯萨基病毒菌株的老鼠对心脏发生病变的影响

小鼠日粮	心脏病变的发生率
油脂 + 硒 + 维生素 E	0/10
油脂 - 硒 + 维生素 E	8/10
油脂 + 硒 - 维生素 E	9/10

令人震惊的是，根据宿主动物的营养状况，非致病性病毒株可以转变为致病形式。此外，柯萨基病毒是小核糖核酸病毒家族中的一员，常见的小核糖核酸病毒还包括手足口病病毒。这就证明了日粮中的抗氧化营养活性物质的质量可能会导致病原体的进一步演变和进化。

氧化机制也被证实在小鼠流感发展过程中起的作用（Hennet 等，1992）。

小鼠感染了流感病毒后,其肺和肝脏中的抗氧化剂谷胱甘肽、维生素C和维生素E的总浓度降低。在感染的早期阶段,肝脏中抗氧化剂的浓度发生改变,导致动物抗氧化应激的能力减弱并加剧活性氧的产生。此外,活性氧能够使肺部蛋白酶抑制剂失活,从而使得感染流感病毒的概率增加。

试验表明,给衰老的老鼠补充过量的维生素E(500mg/L持续6周),与饲喂正常日粮的小鼠相比,衰老的老鼠肺部流感抗体滴度可减少25倍(Hayek等,1997)。小鼠的反应没有那么显著,但感染5d后肺组织中病毒滴度仍可降低15倍。在此试验中,高水平的抗氧化剂能够发挥治疗效果以减少病毒在组织中的数量。

新城疫病毒(Newcastle disease virus,NVD)是一种重要的禽类病原体。试验证明,抗氧化剂二丁基羟基甲苯(butylated hydroxytoluene,BHT)可以防止感染该病毒的鸡死亡(Brugh,1977)。家禽日粮中添加BHT能够防止NVD感染(Brugh,1984)。用纯的NVD进行研究发现,BHT可减少92%的家禽受到感染(Winston等,1980)。在电子显微镜中观察用BHT处理过的病毒发现,该病毒颗粒外壳损坏,这说明BHT可能具有直接抗病毒效果。

四、铁与感染

铁被认为是必需的元素,它作为携氧蛋白、血红蛋白和肌红蛋白的组成成分,具有重要生理功能。铁也是许多氧化还原酶的组成成分,在细胞代谢中起重要作用。机体内大多数铁存在于血液红细胞的血红蛋白中,铁的持续缺乏会导致血红蛋白减少并会出现贫血。相反,过多的铁沉积在组织中,会促进活性氧的产生,从而导致组织损伤和器官功能性衰竭。因此,铁的吸收和组织中铁含量必须精密调节以保持铁平衡。

铁的含量对抵抗传染病也是很重要的,因为入侵的病原体必须通过获取铁来供给自身代谢需要。虽然动物有许多天然抵抗感染的有效机制,但前提是这些保护系统只在游离铁几乎为零的环境中才能成功发挥作用(Bullen等,2005)。机体的低铁环境通过铁调素(helpcidin)活性及转铁蛋白和乳铁蛋白来维持,而转铁蛋白和乳铁蛋白通常只含有30%~40%的饱和铁(Nemeth和Ganz,2006)。通过抑制胃肠道对铁的吸收,限制巨噬细胞对铁的循环利用，并且减少肝脏中铁的动员能实现铁调素对血浆铁浓度及其在组织分布的控制。

可利用的游离铁会降低或破坏体体正常的抗感染能力，同时增加细菌的毒力，这一观点通过小鼠的创伤弧菌得到了证实（Wright 等，1981）。注射柠檬酸铁铵能够将小鼠体内 LD50 病菌从 6×10^6 个降至 1 个。结核分枝杆菌（Cronje 等，2005）和牛型分枝杆菌（Denis 和 Buddle，2005）的复制能力和毒力受铁和铁螯合剂的影响。铁螯合剂和去铁胺（desferrioxamine），可以持续降低结核分枝杆菌的存活率（Cronje 等，2005）。在感染牛分枝杆菌的巨噬细胞中添加乳铁蛋白可使病原体的复制受阻（Denis 和 Buddle，2005）。重要病原体弯曲杆菌有几个调节铁的摄取和氧化应激的基因，表明铁在这种微生物的毒力中扮演了重要的角色（van Vliet 等，2002）。研究表明，游离铁能削弱或破坏正常机体的抗病力，从而提高至少 18 种不同细菌的细菌毒力（Bullen 等，2005）。

日粮中过多的铁会诱导正常的柯萨基病毒损伤小鼠心脏肌肉（Beck 等，2005）。日粮中添加高含量的铁或缺乏抗氧化剂（如维生素 E 和硒）时会产生相似的效应（Beck，1997）。给小鼠饲喂缺乏维生素 E 和含有过量铁的日粮发现，小鼠有最高的心脏病毒滴度，这种日粮也是一种促氧化日粮。但是氧化应激并不能完全解释这种结果的产生，因为实际上用硫代巴比妥酸反应物测定小鼠肝脏氧化产物时，并不能保证它和心脏损伤始终保持相关。

游离铁含量的控制对于健康维持和规避重要疾病是很重要的，而有机酸也可能在这方面发挥作用。许多有机酸，如乳酸、富马酸和柠檬酸等可以与铁形成复合物。植酸是植物种子的常见成分，也是动物饲料的常见成分，它是一种强大的铁螯合剂。有机酸在动物营养中的有益效果可能与其抗微生物活性及通过铁螯合降低氧化应激的能力有关。

五、抗生素与细菌毒力

欧盟对抗生素在饲料中作为生长促进剂的使用已经有过相当多的争论，最终在 2006 年欧盟全面禁止使用所有抗生素生长促进剂。这主要是因为饲喂低水平抗生素时，动物可能会造成各种病原菌耐药性。特别令人担忧的是，肠道细菌，如大肠杆菌、沙门氏菌和弯曲杆菌由于对抗生素耐药性增强，它们可以通过直接接触或者食物链在动物个体间传播甚至经由动物转移到人类。这会使抗生素耐药性菌群在动物和人类上定植（Barton，2000年）。

然而在动物生产中，对使用抗生素的担忧及细菌耐药性的出现并不是新现象，以前就有人提过（Anderson，1965）。抗氨苄西林的抗鼠伤寒沙门氏菌株的出现，可以追溯到人们使用这种抗生素预防并治疗犊牛的感染。而在1965年发现，犊牛的鼠伤寒沙门氏菌的耐药株可以传递耐药性给其他细菌，如大肠杆菌及其他人类病原体。

同时，几类其他抗生素细菌也陆续被报道，这引起了人们进一步的关注（Witte等，2000）。由于阿伏霉素、维吉尼霉素和泰乐菌素能够对人类医学中使用的抗生素产生交叉耐药性，因此引起了人们特殊的关注。其中最严重的事件是在动物和人类肠道中分离出抗糖肽性肠球菌（Wegener等，1999）。阿伏霉素也是一种糖肽类抗生素，因此将其用于畜牧生产受到了质疑。某些菌株，如鼠伤寒沙门氏菌DT104已被证明对多种抗生素具有抗性，包括氨苄青霉素、链霉素、磺胺甲噁唑和四环素（Bower和Daeschel，1999）。当动物被喂食亚治疗剂量的抗生素时，正常菌群被抑制，而这种多重耐药株却能大量繁殖。抗生素的刺激也会诱发人类病原体的耐药性增加及毒力的增强，如肺炎链球菌（Prudhomme等，2006），这对抗生素用于治疗提供了警示。而抗生素通常是通过饲料应用于动物，抗生素的使用明显提高了病原菌的毒力和抗性，从而增加了耐药性风险。

六、结论

由病原微生物入侵而引起胃肠道疾病是动物生产中被重点关注的问题。因此NbH发展的重要基本目标是，必须筛选和利用各种饲料原料和其他具有生物活性原料，以及营养活性物质来抑制病原体黏附、生长，并确保日粮不会增加病原体的毒力。非消化性寡糖和单宁就已经被证实是抗黏附因子。饲料配方在管理肠道疾病方面也能够起到有益的作用。在仔猪日粮中，减少蛋白质含量，并且使用熟大米对肠道健康是有益处的。营养活性物质，如有机酸、酶、非消化性寡糖和必需脂肪酸能够调节胃肠道微生物菌群，从而有益于健康。饲料也能够影响病原体的毒力，尤其是家禽坏死性肠炎。饲料良好的抗氧化状态能够减弱一些病毒的致病性。铁营养状况也能够影响动物传染性疾病的易感性，铁螯合剂，如去铁胺和有机酸可以在这方面发挥相应的作用。

（马曦　主译）

➡ 参考文献

Adams C A, 1999. Nutricines Food Components in Health and Nutrition[M]. Nottingham UK：Nottingham University Press.

Adams C A, 2002. Total Nurition Feeding Animals for Health and Growth[M]. Nottingham UK：Nottingham University Press.

Anderson E S, 1965. Drug resistance and its transfer in Salmonella typhimurium[J]. Nature，206：579 - 583.

Barton M D, 2000. Antibiotic use in animal feed and its impact on human health[J]. Nutrition Research Reviews, 13：279-299.

Beck M A, Kolbeck P C, Rohr L H, et al, 1994. Increased virulence of a human enterovirus (coxsackievirus B3) in selenium-deficient mice[J]. Journal of Infectious Diseases, 170：351-357.

Beck M A, 1997. Increased virulence of Coxsackievirus B3 in mice due to vitamin E or selenium deficiency[J]. Journal of Nutrition, 127：966S-970S.

Beck M A, Levander O A, 1998. Dietary oxidative stress and the potentiation of viral infection[J]. Annual Review of Nutrition 18：93-116.

Beck M A, Shi Q, Morris V C, et al, 2005. Benign coxsackievirus damages heart muscle in iron-loaded vitamin E-deficient mice[J]. Free Radical Biology and Medicine, 38：112-116.

Bedford M R, 2000. Exogenous enzymes in monogastric nutrition – their current value and future benefits[J]. Animal Feed Science and Technology, 86：1 - 13.

Bertschinger H U, Eggenberger E, Jucker H, et al, 1979. Evaluation of low nutrient, high fibre diets for the prevention of porcine Escherichia coli enterotoxaemia[J]. Veterinary Microbiology, 3：281-290.

Boesen H T, Jensen T K, Schmidt A S, et al, 2004. The influence of diet on Lawsonia intracellularis colonization in pigs upon experimental challenge[J]. Veterinary Microbiology,

103：35-45.

Bower C K, Daeschel M A, 1999. Resistance responses of microorganisms in food environments[J]. International Journal of Food Microbiology, 50：33-44.

Branton S L, Reece F N, Hagler Jr W M, 1987. Influence of a wheat diet on mortality of broiler chickens associated with necrotic enteritis[J]. Poultry Science, 66：1326-1330.

Branton S L, Lott B B D, May J D, et al, 1996. The effects of non autoclaved and autoclaved water-soluble wheat extracts on the growth of clostridium perfringens[J]. Poultry Science, 75：335-338.

Brugh M Jr, 1977. Butylated hydroxytoluene protects chickens exposed to Newcastle disease virus[J]. Science, 197：1291-1292.

Brugh M, 1984. Effects of feed additives and feed contaminants on the susceptibility of chickens to viruses[J]. Progress in Clinical and Biological Research, 161：229-234.

Bullen J J, Rogers H J, Spalding P B, et al, 2005. Iron and infection：the heart of the matter[J]. FEMS Immunology and Medical Microbiology, 43：325-330.

Byrd J A, Anderson R C, Callaway T R, et al, 2003. Effect of experimental chlorate product administration in the drinking water on Salmonella typhimurium contamination of broiler[J]. Poultry Science, 82：1403-1406.

Callaway T R, Elder R O, Keen J E, et al, 2003. Forage feeding to reduce postharvest *Escherichia coli* populations in cattle[J]. Journal of Dairy Science, 86：852-860.

Canibe N, Hojberg O, Hosgaard S, et al, 2005. Feed physical form and formic acid addition to the feed affect the gastrointestinal ecology and growth performance of growing pigs[J]. Journal of Animal Science, 83：1287-1302.

Cherrington C A, Hinton M, Chopra I, 1990. Effect of short-chain organic acids on macro molecular synthesis in *Escherichia coli*[J]. Journal of Bacteriology, 68：69-74.

Coma J, 2003. Salmonela a control in pork：effect of animal nutrition and feeding[J]. Pig News and Information 24：49N-62N.

Correa-Matos N J, Donovan S M, Isaacson R E, et al, 2003. Fermentable fibre reduces recovery time and improves intestinal function in piglets following Salmonella typhimurium infection[J]. Journal of Nutrition, 133：1845-1852.

Cronje L, Edmonson N, Eisenach K D, et al, 2005. Iron and iron chelating agents modulate Mycobacterium tuberculosis growth and monocyte-macrophage viability and effector functions[J]. FEMS Immunology and Medical Microbiology, 45: 103-112.

Dahiya J P, Wilkie D C, Van Kessel A G, et al, 2006. Potential strategies for controlling necrotic enteritis in broiler chickens in post-antibiotic era[J]. Animal Feed Science and Technology, 129: 60-88.

Denis M, Buddle B M, 2005. Iron modulates the replication of virulent Mycobacterium bovis in resting and activated bovine and possum macrophages[J]. Veterinary Immunology and Immunopathology, 107: 189-99.

Dierick N A, Decuypere J, Molly K, et al, 2002. The combined use of triacylglycerols containing medium-chain fatty acids and exogenous lipolytic enzymes as an alternative for nutritional antibiotics in piglet nutrition[J]. Livestock Production Science, 75: 129-142.

Dierick N A, Decuypere J A, 2004. Influence of lipase and/or emulsifier addition on the ileal and faecal nutrient digestibility in growing pigs fed diets containing 4% animal fat[J]. Journal of the Science of Food and Agriculture, 84: 1443-1450.

Edrington T S, Callaway T R, Anderson R C, et al, 2003. Reduction of E. coli O157: H7 populations in sheep by supplementation of an experimental sodium chlorate product[J]. Small Ruminant Research, 49: 173-181.

Eklund T, 1985. The effect of sorbic acid and esters of p-hydroxybenzoic acid on the proton motive force in *Escherichia coli* membrane vesicles[J]. Journal of General Microbiology, 131: 73-76.

Fernandez F, Sharam R, Hinton M, et al, 2000. Diet influences the colonization of Campylobacter jejuni and the distribution of mucin carbohydrates in the chick intestinal tract[J]. Cellular and Molecular Life Sciences, 57: 1793-1801.

Froetschel M A, 1996. Bioactive peptides in digesta that regulate gastrointestinal function and intake[J]. Journal of Animal Science, 74: 2500-2508.

Gibson G R, Roberfoid M B, 1995. Dietary modulation of the human colonic microbiota[J]. Journal of Nutrition, 125: 1401-1412.

Gong W S, Tsao R, Zhou T, et al, 2006. Antimicrobial activity of essential oils and structurally related synthetic food additives towards selected pathogenic and beneficial gut bacteria[J]. Journal of applied Microbiology, 100: 296-305.

Hampson D J, Phillips N D, Pluske J R, 2002. Dietary enzyme and zinc bacitracin reduce colonization of layer hens by the intestinal spirochaete Brachyspira intermedia[J]. Veterinary

Microbiology, 86: 351-360.

Hayek M G, Taylor S F, Bender B S, et al, 1997. Vitamin E supplementation decreases lung virus titers in mice infected with influenza[J]. Journal of Infectious Diseases, 176: 273-276.

Hennet T, Peterhans E, Stocker R, 1992. Alterations in antioxidant defences in lungs and liver of mice infected with influenza A virus[J]. Journal of General Virology, 73: 39-46.

Hou R C W, Chen Y S, Huang J R, et al, 2006. Cross-linked bromelain inhibits lipolysaccharide-induced cytokine production involving cellular signaling suppression in rats[J]. Journal of Agricultural and Food Chemistry, 54: 2193-2198.

Kaldhusdal M, Hofshagen M, 1992. Barley inclusion and avoparcin supplementation in broiler diets 2. Clinical, pathological, and bacteriological findings in a mild form of necrotic enteritis[J]. Poultry Science, 71: 1145-1153.

Lee C F, Han C K, Tsau J L, 2004. *In vitro* inhibitory activity of Chinese leek extract against Campylobacter species[J]. International Journal of Food Microbiology, 94: 169-174.

Leeson S, Namkung H, Antongiovanni M, et al, 2005. Effect of butyric acid on the performance and carcass yield of broiler chickens[J]. Poultry Science, 84: 1418-1422.

Lindecrona R H, Jensen T K, Jensen B B, et al, 2003. The influence of diet on the development of swine dysentry upon experimental infection[J]. Animal Science, 76: 81-87.

Mateos G G, Martín F, Latorre M A, et al, 2006. Inclusion of oat hulls in diets for young pigs based on cooked maize or cooked rice[J]. Animal Science, 82: 57-63.

Mcdevitt R M, Brooker J D, Acamovic T, et al, 2006. Necrotic enteritis: a continuing challenge for the poultry industry[J]. World's Poultry Science Journal, 62: 221-247.

McDonald D E, Pethick D W, Pluske J R, et al, 1999. Adverse effects of soluble non-starch polysaccharide (guar gum) on piglet growth and experimental colibacillosis immediately after weaning[J]. Research in Veterinary Science, 67: 245-250.

Mead G C, 2002. Factors affecting intestinal colonisation of poultry by campylobacter and role of microflora in control[J]. World's Poultry Science Journal, 58: 169-178.

Mills A, Phillips C A, 2003. Campylobacter jejuni and the human food chain: a possible source[J]. Nutrition and Food Science, 33: 197-202.

Mikkelsen L L, Jakobsen M, Jensen B B, 2003. Effects of dietary oligosaccharides on microbial diversity and fructooligosaccharide degrading bacteria in faeces of piglets postweaning[J]. Animal Feed Science and Technology, 109: 133-150.

Mine Y, Kovacs-Nolan J, 2006. New insights in biologically active proteins and peptides derived from hen egg[J]. World's Poultry Science Journal, 62: 87-95.

Montagne L, Cavaney F S, Hampson D J, et al, 2004. Effect of diet composition on postweaning colibacillosis in piglets[J]. Journal of Animal Science, 82: 2364-2374.

Nemeth E, Ganz T, 2006. Regulation of iron metabolism by hepcidin[J]. Annual Review of Nutrition, 26: 323-342.

Nyachoti C M, Omogbenigum F O, Rademacher M, et al, 2006. Performance responses and indicators of gastrointestinal health in early-weaned piglets fed low-protein amino acid supplemented diets[J]. Journal of Animal Science, 84: 125-134.

Ofek I, Hasty D L, Sharon N, 2003. Anti-adhesion therapy of bacterial diseases: prospects and problems[J]. FEMS Immunology and Medical Microbiology, 38: 181-191.

Park S F, 2002. The physiology of Campylobacter species and its relevance to their role as food borne pathogens[J]. International Journal of Food Microbiology, 74: 177-188.

Parks C W, Grimes J L, Ferket P R, et al, 2001. The effect of mannan oligosaccharides, bambermycins, and virginiamycin on performance of large white male market turkeys[J]. Poultry Science, 80: 718-723.

Partanen K H, Mroz Z, 1999. Organic acids for performance enhancement in pig diets[J]. Nutrition Research Reviews, 12: 117-145.

Pellegrini A, Hulsmeier A, Hunziker P, et al, 2004. Proteolytic fragments of ovalbumin display antimicrobial activity[J]. Biochimica et Biophysica Acta, 1672: 76-85.

Persia M E, Young E L, Utterback P L, et al, 2006. Effects of dietary ingredients and Eimeria acervulina infection on chick performance, apparent metabolizable energy and amino acid digestibility[J]. Poultry Science, 85: 48-55.

Phillips N D, La T, Pluske J R, et al, 2004. A wheatbased diet enhances colonization with the intestinal spirochaete Brachyspira intermedia in experimentally infected laying hens[J]. Avian Pathology, 33: 451-457.

Pierce K M, Sweeney T, Brophy P O, et al, 2005. Dietary manipulation post weaning to improve piglet performance and gastro-intestinal health[J]. Animal Science, 81: 347-356.

Pluske J R, Siba P M, Pethick D W, et al, 1996. The incidence of swine-dysentery in pigs can be reduced by feeding diets that limit the amount of fermentable substrate entering the large intestine[J]. Journal of Nutrition，126：2920-2933.

Pluske J R，Pethick D W，Hopwood D E，et al，2002. Nutritional influences on some major enteric bacterial diseases of pigs[J]. Nutrition Research Reviews，15：333-371.

Prudhomme M，Attaiech L，Sanchez G，et al，2006. Antibiotic stress induces genetic transformability in the human pathogen *Steptococcus* pneumoniae[J]. Science，313：89-92.

Pryde S E，Duncan S H，Hold G L，et al，2002. The microbiology of butyrate formation in the human colon[J]. FEMS Microbiology Letters，217：133-139.

Rhoades J R，Gibson G R，Formentin K，et al，2005. Casein Glycomacropeptide inhibits adhesion of pathogenic Escherichia coli strains to human cells in culture[J]. Journal of Dairy Science，88：3455-3459.

Risley C R，Kornegay E T，Lindemann M D，et al，1991. Effects of organic acids with or without a microbial culture on performance and gastrointestinal tract measurements of weanling pigs[J]. Animal Feed Science and Technology，35：259-270.

Roy R D，Edens F W，Parkhurst C R，et al，2002. Influence of a propionic acid feed additive on performance of turkey poults with experimentally induced poult enteritis and mortality syndrome[J]. Poultry Science，81：951-957.

Schwarzer K，Adams C A，1996. The influence of specific phospholipids as absorption enhancer in animal nutrition[J]. Fett/ Lipid，98：304-308.

Shanker S，Lee A，Sorrel T C，1990. Horizontal transmission of Campylobacter jejuni amongst broiler chicks：experimental studies[J]. Epidemiology and Infection，104：101-110.

Skrivanová E，Marounek M，Dlouha G，et al，2005. Susceptibility of Clostridium perfringens to C2-C18 fatty acids[J]. Letters in Applied Microbiology，41：77.

Sundu B，Kumar A，Dingle J，2006. Palm kernel meal in broiler diets：effect on chicken performance and health[J]. World's Poultry Science Journal，62：316-325.

Tuitoeck K，Young L G，de Lange C F M，et al，1997. The effect of reducing excess dietary amino acids on growing-finishing pig performance：An evaluation of the ideal protein concept[J]. Journal of Animal Science，75：1575-1583.

Udayamputhoor R S，Hariharan H，Van Lunen T A，et al，2003. Effects of diet formulations containing proteins from different sources on intestinal colonization by Campylobacter jejuni in broiler chickens[J]. Canadian Journal of Veterinary Research，67：204-212.

Van Immerseel F，De Buck J，Boyen F，et al，2004a. Medium-chain fatty acids decrease colonization and invasion through hilA suppression shortly after infection of chickens with Salmonella enterica serovar enteritidis[J]. Applied and Environmental Microbiology，70：3582-3587.

Van Immerseel F，De Buck J，Pasmans F，et al，2004b. Clostridium perfringens in poultry：an emerging threat to animal and public health[J]. Avian Pathology，33：537-549.

Van Vliet A H M，Ketley J M，Park S F，et al，2002. The role of iron in Campylobacter gene regulation，metabolism and oxidative stress[J]. FEMS Microbiology Reviews，26：173-186.

Wegener H C，Aarestrup F M，Jensen L B，et al，1999. Use of antimicrobial growth promoters in food animals and Enterococcus faecium resistance to therapeutic antimicrobial drugs in Europe[J]. Emerging Infectious Diseases，5：329-335.

Whitney M H，Shurson G C，Guedes R C，2006. Effect of dietary inclusion of distillers grains with solubles，soybean hulls or a polyclonal antibody product on the ability of growing pigs to resist a Lawsonia intracellularis challenge[J]. Journal of Animal Science，84：1880-1889.

Winston V D，Bolen J B，Consigli R A，1980. Effect of butylated hydroxytoluene on Newcastle disease virus[J]. American Journal of Veterinary Research，41：391-394.

Witte W，Jorsal S E，Roth F X，et al，2000. Future strategies with regard to the use of feed without antibiotics in pig production[J]. Pig News and Information，21：27N – 32N.

Wright A C，Simpson L M，Oliver J D，1981. Role of iron in the pathogenesis of Vibrio vulnificus infections[J]. Infection and Immunology，43：503-507.

Xing J J，van Heugten E，Li D F，et al，2004. Effects of emulsification，fat encapsulation，and pelleting on weanling pig performance and nutrient digestibility[J]. Journal of Animal Science，82：2601-2609.

第四章 CHAPTER 4

饲料与霉菌毒素互作

　　霉菌毒素是霉菌在其污染的饲料原料、青贮饲料或加工过的动物饲料中产生的毒性很强的次级代谢产物（Diaz，2005；Garon等，2006）。由于这些毒素是次级代谢产物，因此不是霉菌生长所必需的，是在某种应激条件下偶然产生的。霉菌毒素可以广泛污染各种饲料原料，如谷物和油籽。霉菌毒素一般具有较高的热稳定性，这可通过烹煮经赭曲霉毒素A污染的蚕豆和小麦得到有效的证明。蚕豆在115.5℃下高压处理2h，或者在100℃下加热6h，赭曲霉毒素A水平仅分别减少了16%和20%。小麦在100℃下烹煮30min，赭曲霉毒素A的水平仅降低了6%（El-Banna和Scott，1984）。通过150℃和200℃高温热处理，干小麦中黄曲霉毒素B_1水平分别减少了50%和90%（Hwang和Lee，2006）。因此，大多数饲料加工条件中的温度方案，对减少饲料霉菌毒素污染方面起的作用并不大。此外，长期大量储存饲料原料也增加了霉菌生长和相关霉菌毒素产生的可能性。可见霉菌毒素是饲料和食物所携带的重要有毒物质，其几乎对包括禽类、猪、反刍动物、鱼和人类在内的所有种类动物都会产生影响（Adams，2001；Galvano等，2005）。

　　许多霉菌毒素能坏性细胞毒素，严重影响动物的健康，表现为生产性能降低、免疫抑制或死亡率增加。许多常见的霉菌可以共同产生几百种不同化学结构和生物活性的有毒代谢产物，其中有些是致癌性的（黄曲霉毒素B_1、黄

曲霉毒素 M_1，赭曲霉毒素 A、伏马菌素 B_1），有些有雌激素毒性（玉米赤霉烯酮）、神经毒性（伏马菌素 B_1）、肾毒性（赭曲霉毒素 A、橘霉素）、皮肤坏死毒性（单端孢霉烯族毒素）或免疫抑制毒性（黄曲霉毒素 B_1、赭曲霉毒素 A 和 T-2 毒素）（FAO，2000）。

胃肠道的上皮细胞很可能是最先暴露于霉菌毒素的体细胞，许多霉菌毒素能造成胃肠道细胞的损伤，如赭曲霉素 A 可引起狗、鸡、猪胃肠道黏膜坏死（Bouhet 和 Oswald，2005）。同样，摄食棒曲霉素污染的饲料会导致包括胃和肠道的溃疡及炎症在内的胃肠道损伤；呕吐毒素（deoxynivalenol，DON）和 T-2 毒素会导致呕吐、腹泻和营养物质的吸收障碍；伏马毒素 B_1 则与蛋鸡和高龄公鸡腹泻有关。

一、霉菌毒素中毒症状

（一）器官重量增加

霉菌毒素中毒常见的症状是器官相对体重的占比扩大。赭曲霉毒素 A 会增加肉鸡肝脏、肾脏、肌胃和脾肉的相对重量（Elissalde 等，1994）。黄曲霉毒素在肉鸡试验中发现类似反应，饲料中 400 $\mu g/L$ 黄曲霉毒素显著地增加了肝和肌胃的重量（Swamy 和 Devegowda，1998）。橘青霉素毒性也表现为器官相对重量增加（Dwyer 等，1997）（表 4-1）。给猪饲喂被呕吐毒素 DON 污染的小麦 7 周后也发现一些程度相似的反应，如肝脏和肾脏重量增加（Trenholm 等，1994）。

然而器官重量对霉菌毒素的反应并不一致。给猪饲喂镰刀菌污染的谷物时，肝脏和肾脏的绝对重量和相对重量都有所降低（Swamy 等，2002）。在后来的研究中肝脏和肾脏重量减少的原因归结于猪拒食和镰刀菌毒素全身毒性共同作用的结果。给肉种鸡饲喂镰刀菌毒素污染的谷物也没有表现出任何肝、脾、肾的相对重量的增加（Yegani 等，2006）。器官重量的增加可能不属于镰刀菌毒素的毒性症状。

表4-1 给肉仔鸡饲喂不同水平赭曲霉毒素A、黄曲霉毒素、橘青霉素后器官相对重量变化

霉菌（mg/kg）	肝脏相对重量（%）	肌胃相对重量（%）	肾脏相对重量（%）
赭曲霉毒素A			
0	3.28	2.51	0.65
3	4.25	3.71	0.78
黄曲霉毒素			
0	2.21	1.89	
0.1	2.27	2.02	
0.2	2.33	2.11	
0.4	2.96	2.43	
橘青霉素			
0		2.61	0.463
45		2.99	0.521

（二）免疫抑制

我们知道许多霉菌毒素可以改变动物体的免疫功能，常常引起免疫抑制。黄曲霉毒素是一种免疫调节剂，其主要作用是影响细胞介导的免疫功能和吞噬细胞的功能，而不是获得性免疫。相当多的证据表明，黄曲霉毒素对家禽、猪和大鼠有免疫抑制作用（Bondy和Pestka，2000）。此外，当给肉鸡、蛋鸡、母猪饲喂（黄曲霉毒素）时，这些动物的后代也表现出黄曲霉毒素免疫抑制的作用。哺乳期动物饲料中的黄曲霉毒素可以被转移到奶中，因此要对饲料和饲料原料中黄曲霉毒素的水平进行严格控制。

伏马毒素主要由环珠镰刀菌和层生镰刀菌产生，其毒性具有明显的物种特异性。纯的伏马毒素B_1会导致马的脑白质软化症和猪肺水肿。在小鼠中会影响肝脏，而对大鼠的主要靶器官则是肾脏。伏马毒素也会影响免疫系统，但不具有种属特异性。家禽对伏马毒素的敏感性相对较低，采食被污染的饲料后，仅会出现微弱症状（Yegani等，2006）。然而，这些霉菌毒素还会影响免疫系统，家禽表现为胸腺重量降低和抗体反应抑制（Li等，2000a，2000b）。

对于家禽和猪，赭曲霉毒素A是一种强肾毒性毒素，并对猪、家禽和啮

齿动物具有广泛的免疫抑制作用。单端孢霉烯族毒素是一大类霉菌毒素，其中DON和T-2毒素是最常见的。试单端孢霉烯族毒素经口进入试验大鼠体内后，对分裂旺盛的细胞，如骨髓、淋巴结、脾脏、胸腺和肠道黏膜会造成严重损害，其中DON能提高血清中IgA浓度，同时降低IgM、IgG浓度。因此可以看出，单端孢霉烯族毒素针对的主要目标是免疫系统。

真菌毒素抑制免疫系统会产生很严重的后果，它会减少机体对疫苗接种的反应。蛋种鸡接种新城疫疫苗后，饲喂含有500μg/mL黄曲霉毒素的饲料，血凝抑制滴度显著下降（Boulton等，1980）。

各种霉菌毒素的免疫抑制效应，会增加现代畜牧生产中动物感染病原体的概率（CAST-Report，2003）。用赭曲霉毒素A与鼠伤寒沙门氏菌一起感染，能够很好地证明赭曲霉毒素A所产生的影响（Elissalde等，1994）。与仅感染鼠伤寒沙门氏菌的21日龄的鸡相比，同时饲喂赭曲霉毒素A的处理组鸡的死亡率几乎增加了3倍（表4-2）。虽然鸡群在这个生长阶段对鼠伤寒沙门氏菌的敏感性并不高，但是赭曲霉毒素A抑制了肉仔鸡的免疫系统，增加了它们对病原体的敏感性。

表4-2 赭曲霉毒素A和鼠伤寒沙门氏菌对21日龄仔鸡生产性能的影响

处 理		生产性能	
赭曲霉毒素A（3mg/kg）	鼠伤寒沙门氏菌（1.0×10⁹CFU）	体增重（g）	死亡率（%）
—	—	640	0
+	—	395	0
+	—	545	4.5
+	+	325	13.2

赭曲霉毒素A也加剧了沙门氏菌对肉鸡影响（Gupta等，2005）。没有赭曲霉毒素A存在时，肉鸡感染沙门氏菌的死亡率仅有11.5%；有赭曲霉毒素A的存在情况下，肉鸡的死亡率为28.8%，增加了1倍。

在肉鸡试验中，赭曲霉毒素A和大肠杆菌互作也存在类似的结果（Kumar等，2003）。家禽日粮中赭曲霉毒素A的存在，加剧了大肠杆菌感染的严重程度，从而提高了家禽的死亡率。雏鸡未接触赭曲霉毒素A时，感染大肠杆菌的死亡率为14.3%；当给雏鸡饲喂赭曲霉毒素A时，雏鸡感染大肠杆菌后的死亡率为37.5%，死亡率大大增加。

霉菌毒素和病原体感染的免疫相互作用是动物生产的一个重要方面。有效的配方设计可以保护畜禽免受霉菌毒素引起的免疫抑制作用危害。例如，类胡萝卜素及叶黄素和一些非消化性寡糖已经被认为具有免疫刺激作用，而其与霉菌毒素的互作引发了人们广泛的兴趣。

（三）氧化应激

真菌毒素也可以导致氧化应激，从而导致一系列非传染性疾病的发生。给小鼠饲喂低水平的赭曲霉毒素A（1mg/L），会导致血浆中α-生育酚的水平降低22%，同时使产生氧化应激反应的蛋白和肾脏中血红蛋白加氧酶的表达量增加了5倍（Gautier等，2001）。这显著证明赭曲霉毒素A会诱发氧化应激，而且可能至少是导致赭曲霉毒素A肾毒性和致癌性的部分原因。

二、霉菌毒素与法规

产生霉菌毒素的霉菌通常在主要动物饲料和人类食品原料中生长。因此，必须对霉菌毒素污染饲料及食品的持久性和普遍性加以关注。由于霉菌毒素能够同时危害动物和人类，因此在全球范围内，它们已经成为被主要关注的公共健康问题。为了确保霉菌毒素保持在可接受的低水平状态，对饲料和食品的高度警惕和谨慎管理则显得至关重要。由于食源性毒素对动物和人类的健康存在风险，因此许多国家都制定了法规，以控制原料和动物饲料霉菌毒素的最大容许量。在大多数情况下，这种控制只适用于一个毒素，即黄曲霉毒素，严格的欧盟法规涵盖了饲料中允许的黄曲霉毒素B_1的最大含量（表4-3）。

表4-3　欧盟规定的饲料中黄曲霉毒素B_1允许量

饲料原料	最大黄曲霉毒素B1含量（mg/kg）
未加工原料	0.02
牛的全价料（山羊、绵羊除外）	0.02
奶牛全价料	0.005

（续）

饲料原料	最大黄曲霉毒素 B1 含量（mg/kg）
犊牛和羊羔全价料	0.01
猪、家禽全价料（除幼龄动物外）	0.02
其他全价料	0.01
牛、绵羊、山羊补饲产品（奶牛、犊牛和羊羔的补饲产品除外）	0.02
猪、家禽补饲产品（幼龄动物除外）	0.02
其他补饲产品	0.005

　　欧盟正在进行其他霉菌毒素规定值的制定（表4-4）。由于这些霉菌毒素不会在动物产品，如肉或奶中显著积累，因此对其的限制主要是基于对动物福利的要求。物种之间对霉菌毒素的敏感性各不相同，但猪一般是最敏感的物种。因此，用于猪饲料的霉菌毒素推荐值水平比用于其他物种的都要低。

表4-4　霉菌毒素含量在饲料中的指导值（欧盟）

霉菌毒素	饲料原料和产品	指导值（mg/kg）
呕吐毒素	除了玉米副产物之外的谷物及其副产品	8.00
	玉米副产物	12.00
	辅助性饲料和全价料（除了如下两种饲料）	5.00
	猪的辅助性饲料和全价料	0.90
	犊牛（<4 月龄）、绵羔羊和山羊羔的辅助性饲料和全价料	2.00
玉米赤霉烯酮	除了玉米副产物之外的谷物及其副产品	2.00
	玉米副产品	3.00
	仔猪和小母猪的辅助性饲料和全价料	0.10
	母猪和育肥猪的辅助性饲料和全价料	0.20
	犊牛、奶牛、绵羊（包括羊羔）和山羊（包括山羊羔）的辅助性饲料和全价料	0.50
伏马毒素 B_1 和伏马毒素 B_2	玉米和玉米副产品	60.00
	猪、马、兔、宠物的辅助性饲料和全价料	5.00
	鱼的辅助性饲料和全价料	10.00

（续）

霉菌毒素	饲料原料和产品	指导值（mg/kg）
伏马毒素 B_1 和伏马毒素 B_2	家禽、犊牛（<4月龄）、绵羔羊、山羊羔辅助性饲料和全价料	20.00
	成年动物（＞4月龄）和貂辅助性饲料和全价料	50.00
赭曲霉毒素 A	谷物及副产品	0.20
	猪辅助性饲料和全价料	0.05
	家禽的辅助性饲料和全价料	0.10

由于能够污染动物饲料的霉菌毒素广泛存在，且其化学成分复杂多变，因此控制霉菌毒素是一个比较困难的任务。目前有三种营养方案用于控制真菌毒素。首先，饲料原料中霉菌生长应最小化，以使得霉菌的生长和蔓延得到控制；其次，饲料中可以掺加防霉剂，从而减少动物体对毒素的吸收；第三，通过饮食干预来减少霉菌毒素的毒性作用。

三、霉菌毒素的控制

（一）抑制霉菌生长

谷粒最早可以被所谓"田间霉菌"，如链格孢、枝孢菌及镰刀菌污染，随后在植物体上繁殖。田间霉菌需要相对湿度及水分含量较高的环境，通常在20%~21%下才能生长，而在干燥储存条件下无法正常生长。储存的谷物籽实进而被多种"存储霉菌"，如黑曲霉、红曲霉、毛霉菌属、青霉属和单节菌属所控制，它们可在水分含量为13%~18%的环境中生长。这些不同种类的霉菌可以产生出能污染饲料原料的上百种有毒代谢产物。（表4-5）。

表4-5　饲料原料中发现的主要霉菌毒素

霉菌毒素	菌　株
黄曲霉毒素	曲霉菌
伏马毒素	串珠链胞菌

（续）

霉菌毒素	菌 株
赭曲霉毒素 A	曲霉菌和青霉菌
单端孢霉烯族毒素	多种霉菌
玉米赤霉烯酮	镰刀菌

霉菌毒素在饲料中并不是单一出现的，许多真菌能够同时产生多个霉菌毒素（Bottalico，1998）。因此，受到霉菌污染的饲料极有可能导致多种霉菌毒素的产生。而且有很多证据表明，食物中的多种霉菌毒素会引发动物严重的综合性疾病（Kubena 等，1989，1997）。

由于各种霉菌毒素的影响，给动物饲喂发霉变质的谷物饲料通常会导致动物生产性能下降，在产蛋鸡试试验中能够证实这一点（Garaleviciene 等，2000）（表4-6）。试验中，与饲喂无霉变大麦的蛋鸡相比，饲喂发霉大麦的蛋鸡体重降低3%~4%，采食量降低10%~34%。由于干物质和粗蛋白质的消化率降低，因此产蛋量也相应减少。发霉的大麦含有麦角甾醇、赭曲霉毒素 A、玉米赤霉烯酮和雪腐镰刀菌烯醇，因此自然界中存在的霉菌毒素感染模式很复杂性。

表4-6 饲喂发霉大麦对产蛋鸡生产性能的影响

生产指标	饲 料		
	无霉菌大麦	霉菌感染的大麦（1997）	霉菌感染的大麦（1998）
初始活重（32周）	1676	1637	1678
试验末活重（39周）	1688	1619	1606
饲料采食量（g/d）	142.2	127.5	94.4
FCR（料蛋比）	2.82	2.86	3.33
产蛋量（g/d）	50.5	44.5	28.0

由于霉菌毒素只在饲料原料首次被霉菌污染时产生，因此抑制霉菌生长是防御霉菌毒素产生的第一道防线。在收割作物时，避免作物籽实受到过度损害是十分必要的，因为这能够使它们在储存过程中免受霉菌感染。精细收获谷类作物能够减少霉菌的感染及霉菌毒素的产生。在适当的时间，用合适的设备及合理的收割程序来收获作物，能够最大限度地减少作物受到霉菌的污染。作

物被收割之后，清除作物的损坏部分并保留高水分的植物部位是获得优质饲料原料重要的第一步。

试验证明，许多重要环境参数可以促进霉菌生长。例如，水分含量超过13%~14%或者相对湿度超过80%~85%的环境，适合霉菌生长。当气温回升高于50℃时，霉菌生长十分迅速。稍低温度会减速霉菌的生长，但生长不能完全受到抑制（Nahm，1990）。在储存谷物或饲料时，谷物损坏和破碎的部位适合霉菌生长。通常情况下，昆虫的危害也与霉菌的生长有关。

干饲料原料存储在干燥状态下可以在很长一段时间保持优质状态。然而，这在实际生产中很难实现。因为在饲料加工时，原料干燥的过程需要很高的成本，且过度干燥的饲料原料也不会带来额外的收益。

合理地使用有机酸，并将有机酸作为霉菌抑制剂，可以防止原料受到过多霉菌的污染，并降低现有的霉菌含量水平。这对于存储了一段时间的原料来说非常重要。有机酸中最有效的霉菌抑制剂是丙酸。甲酸不能像丙酸一样抑制霉菌生长，反而能够使黄曲霉在储存的原料中繁殖（Holmberg等，1989）。将曲霉接种在潮湿的大麦中发现，用甲酸处理（5kg/t）后的大麦促进了黄曲霉毒素的产生，而用丙酸处理（3kg/t）则完全抑制霉菌毒素的产生。许多丙酸及其盐类的霉菌抑制剂都可有效降低饲料受霉菌污染的风险。

在新鲜谷物或饲料贮存进空粮仓之前，用霉菌抑制剂喷涂一遍，有助于保持谷物或饲料在贮藏和运输系统免受霉菌污染。谷物收获后及时贮存在干燥、低温、卫生和无昆虫的贮存环境中，同时加入抗霉菌剂将会减少霉菌生长。

与对照组相比，仔猪的饲料中添加霉菌抑制剂可以改善总增重、日采食量和料重比（表4-7）（Rahnema和Neal，1994）。仔猪采食防霉剂处理的饲料后比对照组仔猪的日采食量多5.9%，体重也比对照组的增加10.58%。

表4-7　液体霉菌抑制剂对断奶仔猪生产性能的影响

生产性能	处　　理	
	对照组	霉菌抑制剂（1kg/t）
总增重（kg）	107.33	118.69
平均日增重（kg）	5.11	5.65
日采食量（kg）	9.44	10.00
饲料/增重	1.85	1.77

虽然使用有机羧酸类霉菌抑制剂可以减缓霉菌生长从而抑制毒素的产生，但此法却不会影响早期产生的霉菌毒素的量。这些有毒的化合物非常稳定，并且能够存留在受感染的商品中。想要避免霉菌毒素对饲料和饲料原料的有害影响，在植物的生长、收获、储藏和分配过程中进行预防是最合理、最有效的方法。然而霉菌毒素的产生过程十分复杂，从而难以预见毒素的种类、产生的时间和具体的浓度。一般来说真菌毒素是相当稳定的物质，它可以在存储的材料中保存相当长的时间，并且能够在饲料加工条件下保持活性，而且在农产品收获前、贮存、或加工过程中很难完全防止霉菌毒素的产生。因此，当谷物受到霉菌污染时，尽管采取了所有的努力也无法完全预防霉菌毒素的产生，从而对健康和经济效益产生严重的影响。目前净化饲料还没有任何物理或化学方法是简单且经济可行的。

（二）霉菌毒素灭活

减轻霉菌毒素毒害的第二个策略是把霉菌毒素灭活剂添加入饲料中。这种策略在实践中比较简单，最近几年已有许多课题在进行研究（Doll 和 Danicke，2004）。霉菌毒素灭活产品的作用方式一般都是用惰性材料吸附霉菌毒素，而这些惰性材料应具备特异性、紧密性，以及固定饲料中霉菌毒素的特性，它可以防止或者至少能够限制霉菌毒素从胃肠道吸收进入动物体内。因为饲料经常受到多种霉菌毒素污染，所以理想的霉菌毒素黏合剂应是能够结合几种不同霉菌毒素。此类产品也应该不宜结合维生素、矿物质等营养成分，不应该影响动物对微量成分的利用。

许多种吸收材料被用作霉菌毒素吸附剂，如木炭、沸石、膨润土、活性漂白土、水合铝硅酸钠钙、酸性层状硅酸盐、酵母提取产物、消胆胺阴离子交换树脂和腐殖酸（Avantaggiato 等，2005；Bailey 等，1998；Dwyer 等，1997；Jansen van Rensburg 等，2006；Ramos 和 Hernandéz，1997；Schell 等，1993）。但由于霉菌毒素吸附剂所面临的主要问题是霉菌毒素多变的化学性质，因此目前没有一种毒素吸附剂可以有效结合所有的霉菌毒素。各种硅酸盐矿物是霉菌毒素最大和最复杂的结合剂。这包括一系列的黏土矿物，如蒙脱土、蒙脱石、高岭石、膨润土和伊利石。同时大量关于酵母细胞壁的产品作为霉菌毒素吸附剂的研究工作也正在进行。

尽管用体外模型预测动物机体对霉菌毒素吸附产品反应的主要障碍是和

体外模型法存在不足有关（Diaz 和 Smith，2005），但体外模型法在鉴定公认的毒素结合剂时却极为有用。因为如果在体外试验中，霉菌毒素结合剂不能结合霉菌毒素，它在体内进行结合的可能性也很小。

可以模仿健康猪胃肠道代谢过程的实验室模型已经被用于研究肠道对污染饲料中霉菌毒素的吸收（Avantaggiato 等，2003）。在该系统中，加入活性炭或消胆胺可以显著减少肠道对被污染小麦中玉米赤霉烯酮的吸收。当模型系统中加入2%活性炭和消胆胺时，胃肠道对玉米赤霉烯酮的吸收由32%分别降至5%和16%。但在实际的动物营养中，这些结合剂可能都不被使用。活性炭是一个非常强大的吸附剂，可能会吸收霉菌毒素及营养物质。尽管如此，胃肠模型仍是一种快速运用生理测试吸附剂材料结合毒素的方法，这使其成为一个有用的初级筛选的方法。然而，任何的体外试验结果都要有体内试验结果相验证。

腐殖酸具有结合黄曲霉毒素 B_1 的高亲和性（Jansen van Rensburg 等，2006）。在肉鸡试验中，腐殖酸产品可以减轻一些黄曲霉毒素的毒性作用，如避免肝功能损害，以及胃和心脏等器官的增大；但酵母细胞壁产品对此却没有效果。从酵母细胞壁产品中提取的葡甘聚糖（glucomannan）制剂能阻止镰刀菌毒素对肉种鸡的一些不利影响（Yegani 等，2006）。采食受污染的饲料会减少抗传染性支气管炎病毒的抗体滴度，这种现象可以被酵母产品所抑制。然而，在这一试验中霉菌毒素并没有影响肉鸡的饲料采食量和体重。

（三）通过日粮干预减少霉菌毒素的影响

使用霉菌抑制剂或毒素黏合剂并不能彻底消除存在于动物饲料的霉菌毒素。因此，减少霉菌毒素问题的第三种策略，是利用各种日粮干预改善饲料中霉菌毒素对动物的影响。

动物胃肠道中的微生物是一个重要的解毒系统。例如，毒素可以被瘤胃微生物代谢，这也是反刍动物对霉菌毒素的耐受力比单胃动物更强的原因。利用营养方案促进微生物活性从而降解胃肠道中霉菌毒素的降解，也将成为有用的研究课题。

已经有一些证据表明，饲料中的一些成分有助于缓解霉菌毒素的影响。补充蛋白或氨基酸（如半胱氨酸），能够协助黄曲霉毒素的生化解毒并减轻其对动物的不利影响。其机理可能是借助肝脏中谷胱甘肽解毒系统的活性来发挥作用。谷胱甘肽是一种三肽，其中包含半胱氨酸，它可以结合肝脏中的黄曲霉毒素，并将其转化为无毒物质后释放进入胆汁中，并随后由尿液排出体外。

谷胱甘肽参与霉菌毒素解毒的作用表明，霉菌毒素的一些毒性至少有一种是源于氧化应激所产生的。之后Rizzo等（1994）进行了DON和T-2毒素对大鼠毒性的相关研究发现，当饲料中缺乏，如硒、抗坏血酸和α-生育酚等抗氧化剂时，与抗氧化剂充足的处理组相比，脂质过氧化反应分别增加21%和268%，其中的单端孢霉烯族毒素可以刺激缺乏抗氧化剂组大鼠的肝脏脂质发生过氧化反应。

赭曲霉毒素A的一种毒性作用方式是诱导大鼠和鸡体内发生脂质过氧化反应，进而导致组织损伤（Hoehler等，1997）。进一步的研究表明，赭曲霉毒素A可以造成血浆中的α-生育酚水平降低22%，造成肾脏中特异性的氧化应激蛋白血红蛋白加氧酶-1升高5倍（Gautier等，2001）。在牛乳腺细胞培养试验中发现，抗氧化剂α-生育酚具有抵抗赭曲霉毒素A的功能（Gautier等，2004）。这些结果都有力地表明，营养性地补充抗氧化剂可以抵消赭曲霉毒素A的短期毒性，抗氧化剂丁基羟基茴香醚（butyl hydroxy anisole，BHA）和二丁基羟基甲苯具有抑制黄曲霉毒素的动物致癌源毒性。

用抗氧化剂BHA治疗大鼠能降低黄曲霉毒素致肝癌的能力（Monroe等，1986）。由BHA诱导产生的保护性酶可以增加它们与黄曲霉毒素耦合物由胆汁排出的量，从而减少肝中黄曲霉毒素的残留量，使得更多的黄曲霉毒素从尿中排出（表4-8）。BHA也可以减少黄曲霉毒素与肝细胞DNA的结合，这在抑制黄曲霉毒素对肝脏的致癌作用中十分重要。

表4-8　黄曲霉毒素被大鼠摄取2h后其在肝脏和尿液中的分布

处理	肝脏所含毒素（%）	尿所含毒素（%）
对照	18.2	0.35
BHA	9.6	3.03

火鸡之所以对黄曲霉毒素B_1非常敏感，既是因为细胞色素P450能充分活化该种毒素，又是因为火鸡极其缺乏有解毒作用的谷胱甘肽S-转移酶（Klein等，2003）。在火鸡饲料中补充抗氧化剂，如BHT可以防止黄曲霉毒素B_1的毒性发作（(Klein等，2003；Coulombe等，2005）。其作用机制主要是因为

在肝脏中黄曲霉素的激活是由酶的介导来实现，而抗氧化剂的保护作用主要是通过抑制酶介导途径来完成的。同时，抗氧化剂显著地增加了黄曲霉毒素 B_1 解毒过程中的 II 期酶活性，该酶对于黄曲霉毒素 B_1 解毒十分重要。不过，由于BHT使用水平极高（4kg/t），因此这一解毒方法也很难在生产上得以应用。

给肉鸡饲喂被黄曲霉毒素污染的饲料时，使用BHT能缓解霉菌毒素对肉鸡增重和饲料转化率等造成的不利影响（Ehrich等，1986）。相比之下，即使是大家公认的饲料抗氧化剂乙氧喹，也无法中和黄曲霉毒素对雏鸡的毒性，因为乙氧喹无法像BHT那样诱导激活鸡肝脏中黄曲霉毒素解毒酶的活性。N-乙酰半胱氨酸是氨基酸半胱氨酸的乙酰化衍生物，它可以避免黄曲霉毒素的毒性对肉鸡增重和饲料转化率造成的不利影响，也能减轻肉鸡肝脏和肾组织学病变的严重程度（Valdivia等，2001）。

N-乙酰半胱氨酸已被许多国家广泛认可，并应用于人类，它的安全性和药理学性质也被公认。它是极好的巯基来源，能够刺激谷胱甘肽的合成，谷胱甘肽也是能够参与减少霉菌毒素毒性影响的物质。N-乙酰半胱氨酸能够有效控制黄曲霉毒素在肉鸡上的毒性，且能够单独使用或与毒素黏合剂联合发挥作用。

葡萄糖甘露寡糖存在于酿酒酵母细胞壁中，已被报道其对肉鸡饲料中的黄曲霉毒素毒性有抑制效果（Swamy和Devegowda等，1998）。给受黄曲霉毒素污染的饲料添加葡萄糖甘露寡糖可以提高动物的体重和饲料转化效率，但无法完全使动物恢复到采食无黄曲霉毒素添加饲料时的水平。在含黄曲霉毒素的饲料中添加葡萄糖甘露寡糖可以改善新城疫和传染性法氏囊病的抗体滴度，但即使这样也不能使动物回到饲喂无黄曲霉毒素饲料的水平。也许葡萄糖甘露寡糖可以在程度上刺激免疫系统，但它不能完全克服黄曲霉毒素对家禽生产性能的消极影响。酵母细胞壁的 β-葡聚糖已经作为免疫增强剂应用于水产养殖，在动物养殖中也可以增强雏鸡对沙门氏菌的先天性免疫能力（Lowry等，2005）。

在含有镰刀菌毒素的猪饲料中添加葡萄糖甘露寡糖无法克服镰刀菌毒素对猪采食量和体重减少的不利影响（Swamy等，2002），然而添加0.2%的葡萄糖甘露寡糖可有效防止一些由霉菌毒素引起的神经化学变化。猪饲料被镰刀菌毒素污染后对妊娠后期胎儿有毒害作用，增加死胎的同时出生仔猪的成活率也相应地减少（表4-9）（Díaz-Llano 和 Smith，2006），而添加0.2%的葡萄糖甘露寡糖具有减弱毒素毒性的效应。

表4-9　黄曲霉毒素对母猪繁殖性能的影响

生产性能	处　　理		
	对照	黄曲霉毒素	黄曲霉毒素+GMO
窝产仔数（头）	9.8	10.0	10.8
死胎率（%）	6.3	15.5	4.6
仔猪成活率（%）	90.5	80.7	95.4

注：GMO指来自酵母的葡萄糖甘露寡糖。

四、结论

　　饲料和饲料原料被霉菌毒素污染在动物生产中是一个必然发生的事件。在收获时和饲料原料的储存期间注意预防可以减少或避免霉菌污染。霉菌毒素黏合剂产品可以减少消化道对饲料中霉菌毒素的吸收。最后利用各种日粮干预措施可以减少霉菌毒素对动物生长和健康的影响。对霉菌毒素的管理将成为NbH中一个非常重要的组成部分，特别是因为霉菌毒素会影响动物免疫系统，而免疫系统对于动物健康的维护和疾病预防而言，是非常重要的。

（马曦　主译）

➡ 参考文献

Adams C A，2002. Virtues of Cleanliness：Feed quality and Hygiene in total nutrition feeding animals for health and growth[M]. Nottingham UK：Nottingham University Press.

Avantaggiato G，Havenaar R，Visconti A，2003. Assessing the zearalenone-binding activity of adsorbent materials during passage through a dynamic *in vitro* gastrointestinal model[J]. Food and Chemical Toxicology，41：1283-1290.

Avantaggiato G，Solfrizzo M，Visconti A，2005. Recent advances on the use of adsorbent materials for detoxification of Fusarium mycotoxins[J]. Food Additives and Contaminants，

22：379-388.

Bailey R H, Kubena L F, Harvey R B, et al, 1998. Efficacy of various inorganic sorbents to reduce the toxicity of aflatoxin and T-2 toxin in broiler chickens[J]. Poultry Science, 77：1623-1630.

Boulton S L, Dick J W, Hughes B L, 1980. Effects of dietary aflatoxin and ammonia-inactivated aflatoxin on Newcastle disease antibody titers in layer-breeders[J]. Avian Diseases, 26：1-6.

Baldi A, Losio M N, Cheli F, et al, 2004. Evaluation of the protective effects of a-tocopherol and retinol against ochratoxin A cytotoxicity[J]. British Journal of Nutrition, 91：507-512.

Bondy G, Pestka J J, 2000. Immunomodulation by fungaltoxins[J]. Journal of Toxicology and Environmental Health, PartB, 3：109-143.

Bottalico A, 1998. Review：Fusarium diseases of cereals：species complex and related mycotoxin profiles in Europe[J]. Journal of Plant Pathology 80：85-103.

Bouhet S, Oswald I P, 2005. The effects of mycotoxins, fungal food contaminants, on the intestinal epithelial cell-derived innate immune response[J]. Veterinary Immunology and Immunopathology, 108：199-209.

CAST Report, 2003. Mycotoxins, Risks in Plant, Animal and HumanSystems. Task Force Report 139, Council of Agricultural Scienceand Technology, Ames Iowa. pp 81.

Coulombe R A, Guarisco J A, Klein P J, et al, 2005.Chemoprevention of aflatoxicosis in poultry by dietary butylated hydroxytoluene[J]. Animal Feed Science and Technology, 121：217-225.

Diaz D E, 2005 ed：The Mycotoxin Blue Book[M]. Nottingham, UK：Nottingham University Press.

Diaz D E, Smith T K, 2005. Mycotoxin sequestering agents：practical tools for the neutralisation of mycotoxins. In：The Mycotoxin Blue Book[M].Nottingham, UK：Nottingham University Press.

Díaz-Llano G, Smith T K, 2006. Effects of feeding grains naturally contaminated with Fusarium mycotoxins with and without a polymeric glucomannan mycotoxin adsorbent on reproductive performance and serum chemistry of pregnant gilts[J].Journal of Animal Science, 84：2361-2366.

Doll S, Danicke S, 2004. *In vivo* detoxification of Fusarium toxins[J]. Archives of Animal

Nutrition, 58：419-441.

Dwyer M R, Kubena L F, Harvey R B, et al, 1997. Effects of inorganic adsorbents and cyclopiazonic acid in broiler chickens[J].Poultry Science, 76：1141-1149.

Ehrich M, Driscoll C, Larsen C, 1986. Ability of ethoxyquin and butylated hydroxytoluene to counteract deleterious effects of dietary aflatoxin in chicks[J]. Avian Diseases, 30：802-806.

El-Banna A A, Scott P M, 1984. Fate of mycotoxins during processing of foodstuffs Ⅲ. Ochratoxin A during cooking of Faba beans（Viciafaba）and polished wheat[J]. Journal of Food Protection, 47：189-192.

Elissalde M H, Ziprin R L, Huff W E, et al, 1994. Effect of ochratoxin A on salmonella-challenged broiler chicks[J]. Poultry Science, 73：1241-1248.

FAO, 2000. Food safety and quality as affected by animal feedstuff.

Twenty second FAO regional conference for Europe, Porto, Portugal, FAO, Rome. pp.4-5.

Galvano F, Ritieni A, Piva G, et al, 2005. Mycotoxins in the human food chain in：The Mycotoxin Blue Book[M].Nottingham, UK：Nottingham University Press.

Garaleviciene D, Pettersson H, Augonyte G, et al, 2001. Effects of mould and toxin contaminated barley on laying hens performance and health[J]. Archives of Animal Nutrition, 55：25-42.

Garon D, Richard E, Sage L, et al, 2006. Mycoflora and multi mycotoxin detection in corn silage：experimental study[J]. Journal of Agricultural and Food Chemistry, 54：3479-3484.

Gautier J-C, Holzhaeuser D, Markovic J, et al, 2001. Oxidative damage and stress response from ochratoxin A exposure in rats[J]. Free Radical Biology and Medicine, 30：1089-1098.

Gupta S, Jindal N, Khokar R S, et al, 2005. Effect of ochratoxin A on broiler chicks challenged with Salmonella gallinarum[J]. British Poultry Science, 46：443-450.

Hoehler D, Marquardt R R, Frohlich A A, 1997. Lipid peroxidation as one mode of action in ochratoxin A toxicity in rats and chicks[J]. Canadian Journal of Animal Science, 77：287-292.

Holmberg T, Kaspersson A, Larsson K, et al, 1989. Aflatoxin production in moist barley treated with suboptimal doses of formic and propionic acid[J]. Acta Agricultura. Scandinavica, 39, 457-464.

Hwang J-H, Lee K-G, 2006. Reduction of aflatoxin B_1 contamination in wheat by various cooking treatments[J]. Food Chemistry, 98: 71-75.

Jansen van Rensburg C, Van Rensburg C E J, Van Ryssen J B J, et al, 2006. *In vitro* and *in vivo* assessment of humic acid as an aflatoxin binder in broiler chickens[J]. Poultry Science, 85: 1576-1583.

Klein P J, Van Vleet T R, Hall J O, et al, 2002. Effects of dietary butylated hydroxytoluene on aflatoxinB_1 –relevant metabolic enzymes in turkeys[J]. Food and Chemical Toxicology, 41: 761-678.

Kubena L F, Harvey R B, Huff W E, et al, 1989. Influence of ochratoxin A andT-2 toxin singly and in combination on broiler chickens[J]. Poultry Science, 68: 867–872.

Kubena L F, Edrington T S, Harvey R B, et al, 1997. Individual and combined effects of fumonisin B_1 present in Fusarium moniliforme culture material and diacetoxyscirpenol or ochratoxin A in turkey poults[J]. Poultry Science, 76: 256-264.

Kumar A, Jindal N, Shukla C L, et al, 2003. Effect of Ochratoxin A on Escherichiacoli-challenged broiler chicks[J]. Avian Diseases, 47: 415-424.

Li Y C, Ledoux D R, Bermudez A J, et al, 2000a. Effects of moniliformin on performance and immune function of broiler chicks[J]. Poultry Science, 79: 26-32.

Li Y C, Ledoux D R, Bermudez A J, et al, 2000b. The individual and combined effects of fumonisin B_1 and moniliformin on performance and selected immune parameters in turkey poults[J]. Poultry Science, 79: 871-878.

Lowry V K, Farnell M B, Ferro P J, et al, 2005. Purified ß-glucan as an abiotic feed additive up-regulates the innate immune response in immature chicken sagainst Salmonella enterica serovar Enteritidis[J]. International Journal of Food Microbiology, 98: 309-318.

Monroe D H, Holeski C J, Eaton D L, 1986. Effects of single-dose and repeated-dose treatment with 2 (3) -ter-butyl-hydroxyanisole (BHA) on the hepatobiliary disposition and covalent binding to DNA of aflatoxin B_1 in the rat[J]. Food and Chemical Toxicology, 24: 1273-1281.

Nahm K H, 1990. Conditions for mould growth and aflatoxin production in feedstuffs[J].Pig News and Information, 11: 349-352.

Rahnema S, Neal S M, 1994. Laboratory and field evaluation of commercial feed preservatives in the diet of nursery pigs[J].Journal of Animal Science. 72: 572-576.

Ramos A J, Hernandéz E, 1997. Prevention of aflatoxicosis in farm animals by means of hydrated sodium calcium aluminosilicate addition to feed stuffs: a review[J]. Animal Feed Science and Technology, 65: 197-206.

Rizzo A F, Atroshi F, Ahotupa M, et al, 1994. Protective effect of antioxidants against free radical-mediated lipid peroxidation induced by DON or T-2 toxin[J].Journal of Veterinary Medicine A, 41: 81-90.

Schell T C, Lindemann M D, Kornegay E T, et al, 1993. Effectiveness of different types of clay for reducing the detrimental effects of aflatoxin-contaminated diets on performance and serum profiles of weanling pigs[J]. Journal of Animal Science, 71: 1226-1231.

Swamy H V L N, Devegowda G, 1998. Ability of mycosorb to counteract aflatoxicosis in commercial broilers[J]. Indian Journal of Poultry Science, 33: 273-278.

Swamy H V L N, Smith T K, MacDonald E J, et al, 2002. Effects of feeding a blend of grains naturally contaminated with Fusarium mycotoxins on swine performance, brain regional neurochemistry, and serum chemistry and the efficacy of a polymeric glucomannan mycotoxin adsorbent[J].Journal of Animal Science, 80: 3257-3267.

Trenholm H L, Foster B C, Charmley L L, et al, 1994. Effects of feeding diets containing Fusarium (naturally) contaminated wheat or pure deoxynivalenol (DON) in growing pigs[J]. Canadian Journal of Animal Science, 74: 361-369.

Valdivia A G, Martinez A, Damián F J, et al, 2001. Efficacy of N-acetylcysteine to reduce the effects of aflatoxin B_1 intoxication in broiler chickens[J]. Poultry Science, 80: 727-743.

Yegani M, Smith T K, Leeson S, et al, 2006.Effects of feeding grains naturally contaminated with Fusarium Mycotoxins on performance and metabolism of broiler breeders[J].Poultry Science, 85: 1541-1549.

第五章 CHAPTER 5

饲料与宿主动物的相互作用（1）：
维持胃肠道完整性

　　所有活的动物都有一个共同特征就是需要有规律地采食饲料。如第一章所述，饲料组成十分复杂，它不可避免地含有成千上万种化学分子和数量庞大的相关微生物。因此，饲料性质会与采食它的动物发生重要相互作用，反过来又影响健康营养学（NbH）也就毫不为奇了。饲料至少在三个方面和动物存在相互作用：①维持胃肠道完整；②支持免疫系统；③调理免疫应激与疾病。在接下来的三章中，每章将分别讨论其中一个问题。

　　胃肠道很可能是动物最重要的器官，它是动物与外界环境联系的通道。虽然胃肠道腔内的饲料成分仍然是在动物体外，但它影响动物的健康和生长，这称之为饲料的外部营养功效（见第一章）。只有当饲料中的营养物质和营养活性物质通过胃肠道壁吸收后才进入生理学意义上的体内，即饲料的内部营养功效。

　　常见细菌（如大肠杆菌、产气荚膜梭菌、细胞内罗森氏菌），病毒及其增殖物，动代谢活动，都会扰乱动物胃肠道的正常消化功能。这会导致各种肠道疾病的发生，通常表现为腹泻、生长受阻、死亡率增加，这在幼龄动物中的表现尤为明显。

　　因此，维持复杂而稳定的胃肠道微生物区系不仅对维持动物健康和预防疾病十分重要，而且对动物生产性能和生产力有重大影响。在诸如哺乳动物断奶、禽类孵化及早期生长等应激阶段中，建立胃肠道最佳生态系统对预防各种肠道疾病至关重要。

近年来，养殖业通常使用抗生素和其他药物来维持动物胃肠道健康。然而，自从欧盟2006年起禁止使用抗生素作为动物生长促进剂，以及消费者对食品安全的高度关注以来，传统维持动物胃肠道健康的技术手段必须要进行改变。因此，开发维护动物胃肠道完整性的营养策略非常重要。

胃肠道的六大主要功能见表5-1。

表5-1　胃肠道的主要功能

功　能	描　述
防御屏障	胃肠壁是外部环境与动物机体内部组织之间的最后屏障
定殖抑制	建立稳定的微生物区系以抑制入侵病原微生物的生长
消化	通过物理作用和酶的降解，将饲料中的分子物质降解为小分子营养物质，如糖、氨基酸和脂肪酸
吸收	将消化后的营养物质转运进入体组织内
发酵	主要在大肠
排泄	将饲料中未消化的物质排出体外

一、防御屏障

胃肠道细胞是机体防御饲料或水中病原微生物和毒素进入体内的最后一道屏障。饲料成分同毒素和微生物一样常常破坏胃肠道结构，引起各种肠道疾病，如在第三章中提到的球虫病、坏死性肠炎、幼禽肠炎和死亡综合征。这些疾病总体表现为营养物质吸收不良，动物出现腹泻、生长性能下降，有时甚至表现为死亡率增加。

鸡胃肠道发育与开始饲喂的时间有关。孵出时就提供饲料和水的鸡，其日龄时小肠重量显著高于孵出24h后才提供饲料和水的鸡，前者小肠重10.6g，而后者只有8.68g（Mikec等，2006）。

胃肠道功能的发育也与其作为免疫系统的一个主要部位——肠道相关淋巴组织有关，肠道相关淋巴组织能抵御病原进入胃肠道。给鸡禁食时，其大肠相关淋巴组织发育延迟（Shira等，2005）。鸡肠道相关淋巴组织发育完整需要2周。在此期间，与孵出即采食的鸡相比，晚采食的鸡对环境中的病原更易感。养殖场要做到鸡一旦孵出就能让其采食到饲料和水，以保证最佳的生长发育。

维持胃肠道健康十分重要，然而要想实现这一目标却相当困难。它是包括消化道上皮细胞、肠道相关淋巴组织及上面黏液层的黏膜、肠道菌群与饲料间的微妙平衡。这些成分相互作用在胃肠道内形成微妙的动态平衡，保障消化系统高效运转。此外，黏膜表面大量保护蛋白，如免疫球蛋白A、各种生长因子、细胞因子也与黏液层发生相互作用。

胃肠壁内部结构，特别是黏液层，在维持屏障保护功能上十分重要。完整的胃肠腔表面覆盖着主要由一种大分子糖蛋白——黏蛋白构成的黏液层。黏蛋白富含苏氨酸、丝氨酸和脯氨酸，其糖基主要是半乳糖、岩藻糖、N-乙酰氨基葡萄糖、N-乙酰氨基半乳糖，此外还含有唾液酸（Lien等，2001）（表5-2）。黏液中大量的糖基使黏蛋白免于被蛋白酶水解消化。

表5-2　猪胃和小肠中黏蛋白的组成

组　　成	黏蛋白来源	
	胃	小肠
总体组成（%，DM）		
碳水化合物	78.0	54.1
蛋白质	15.4	21.2
唾液酸	2.9	21.6
硫酸盐	3.7	3.1
蛋白质组成（mol/100mol）		
脯氨酸	16.0	16.4
丝氨酸	18.1	12.1
苏氨酸	18.3	27.2
碳水化合物组成（mol/100mol）		
岩藻糖	17.4	9.6
半乳糖	39.9	26.5
N-乙酰氨基葡萄糖	29.9	22.6
N-乙酰氨基半乳糖	12.8	41.3

动物在健康状态下，黏液层保持着动态平衡。胃肠腔壁黏液流失后，特定分化的细胞合成并分泌黏蛋白进行补充，这些细胞称为杯状细胞，它们遍布

于整个胃肠上皮（Montagne等，2004）。胃肠消化道食糜中的黏蛋白来自于黏液层中被蛋白酶水解消化和磨损脱落的部分。而胃肠腔壁的黏蛋白则通过寡糖部分的保护作用使其免于被蛋白酶水解消化，这些寡糖覆盖了黏蛋白蛋白质骨架的大部分。因此，小肠液中难以被消化的黏蛋白是构成内源蛋白质的重要组成部分，它们进入大肠最后排出体外。

黏液和碳酸氢盐一起，通过形成不流动层，构成扩散屏障，阻止诸如蛋白酶等大分子物质进入胃肠上皮，保护胃肠道免于被酶消化及胃液腐蚀。另外，黏液还可捕获毒素和细菌，防止机体受到感染。黏液在消化过程中也起重要作用，它形成特定的消化区，为消化提供适宜场所。在这些消化区内，酶被固定在上皮细胞表面附近，防止因蠕动而出现快速移动，并将它们置于更有利的消化位置（Lien等，2001）。

采食促进黏液合成，反之限饲则抑制其合成。当大鼠日采食量降低到正常采食量的一半时，黏液生成急剧下降（Sherman等，1985）。营养不良的大鼠，其黏蛋白的化学成分与对照组相似。因此，营养不良导致肠道黏蛋白数量降低，而非任何分子的改变。营养不良诱导黏蛋白受损很可能是其造成动物对肠道疾病抵抗力下降的重要因素。

对断奶仔猪限饲，可能引起黏液减少，增加对肠道疾病的易感性。饲料纤维对黏液生成也有重要影响，不溶性纤维比可溶性纤维更能促进黏液分泌。充足的采食量和适宜的不溶性纤维水平对维持黏液正常合成十分重要，从而维持肠道健康。

黏蛋白是构成肠道基础内源性蛋白质的重要组分。通过营养技术增加黏蛋白合成可能是抵御病原微生物，进而保护和维持胃肠道功能完整性的有效手段。然而，增加黏蛋白合成将同时增加氨基酸，特别是苏氨酸和能量的需要量，这将降低这些养分用于生长和生产的利用率。目前，还需要大量研究证实通过饲养技术来调控黏蛋白从而促进动物健康的机制。这将是健康营养学极具吸引力的一部分内容。

二、微生物区系与定植抗力

胃肠道中黏液层和细菌之间的相互作用与动物的健康关系紧密。许多共生菌和病原菌都黏附在黏液层复杂的碳水化合物上。共生菌的结合能阻止条件性病原菌的定殖，这就是黏液层的定殖抑制作用。

　　饲料是影响动物胃肠道微生物菌群组成及其代谢活性的重要因素（Bauer等，2006）。可发酵碳水化合物似乎更有可能促进有益菌增殖。一方面，碳水化合物发酵产生的短链脂肪酸，有促进健康的作用。另一方面，蛋白质发酵却往往与潜在病原体的生长有关，导致有害物质，如氨和胺的产生。除短链脂肪酸外，各种中链脂肪酸也具有抗菌活性。

　　肠道菌群可分为以下三种类型：

共生菌←→共栖菌←→病原菌

　　一种细菌并非不可逆转地固定属于上述三种类型中的哪一类，某些共生菌有时能变成病原菌或共栖菌。胃肠道微生物区系最终是微生物与宿主动物及其采食的饲料协同进化的结果。大部分病原菌需要大量进入或快速增殖才能克服常驻菌群的定殖抑制作用。然而，一旦菌群平衡被打破，就会增加感染的风险。这些感染的菌群，要么是入侵的病原菌，要么是胃肠道中平时由于各菌群相互之间的抑制作用而数量较少的常驻菌群。

　　胃肠道微生物菌群多样，从肉鸡胃肠道可分离出1 230种16SrRNA基因序列（Lu等，2003）。回肠中主要有四种优势菌群，它们的含量分别是乳酸菌占70%、梭菌占11%、链球菌占6.6%、肠球菌占6.5%。盲肠中梭菌最多，占所有细菌的65%。这些梭菌数量如此庞大，是前所未知的。

　　胃肠道微生物区系对动物健康十分重要，它连续不断地刺激动物肠道相关淋巴组织，构成胃肠道免疫系统。共生菌抑制致病菌形成，因为后者必定要与前者争夺营养和结合位点。

三、大肠发酵

　　发酵是反刍动物利用养分的重要途径，已为人们所公认。但对单胃动物而言，大肠中盲肠和结肠发酵同样十分重要。多年来，大肠被认为主要是用来保存水和电解质的。然而现在已经充分认识到，大肠的重要功能是通过大量定殖的微生物发酵作用来重新吸收残余的能量和养分。尽管通过内源酶的作用，营养物质消化与吸收效率在小肠中已经很高，但仍然有养分不断进入大肠，包括未消化的饲料成分、内源酶、黏液、肠黏膜细胞等。

日粮能调控进入大肠的物质的数量和组成（Williams等，2001）。饲料中可发酵碳水化合物，如非消化性寡糖、非淀粉多糖、抗性淀粉等，是微生物最重要的底物。发酵终产物是挥发性脂肪酸和非挥发性脂肪酸。前者主要为乙酸、丙酸和丁酸，容易在大肠吸收；而后者主要为乳酸，在大肠很难吸收。挥发性脂肪酸，尤其丁酸，是大肠上皮细胞最重要的营养物质。此外，上皮细胞正常发育也需要丁酸（Pryde等，2002）。体外试验表明，丁酸钠能增加结肠黏蛋白合成，当添加量为0.1mmol/L时，黏蛋白合成最多（Finnie等，1995）。丁酸钠添加到标准培养基中显著增加黏蛋白合成，表明这可能是影响黏蛋白合成速度的重要机制，从而能进一步解释了丁酸盐具有治疗结肠炎的原因。体内试验和体外试验都证明丁酸还具有抗炎作用（Andoh等，1999）。尽管丁酸和丁酸盐难闻的气味限制了它们在许多动物饲料中的应用，但目前有些饲料配方已经开始使用丁酸和丁酸盐。

挥发性脂肪酸和乳酸有潜在抗菌活性，特别是抗革兰氏阴性菌，如大肠杆菌和沙门氏菌。因此，将大肠中挥发性脂肪酸和乳酸维持在较高的基础水平有益于肠道健康。

当大肠中碳水化合物耗尽，发酵就变成越来越多的蛋白质水解，产生有潜在毒性的代谢产物，如氨、胺、挥发性酚类和吲哚类化合物。这些物质在健康大肠中的数量很少。大肠微生物菌群对小肠未能消化吸收的营养物质的回收利用有重要意义。

四、氨基酸

许多氨基酸，如精氨酸、谷氨酸、组氨酸和苏氨酸，在维持胃肠道完整性方面起重要作用。大部分饲料配方往往只是考虑赖氨酸和蛋氨酸含量，有时也考虑苏氨酸。然而饲料中氨基酸含量通常只是基于生长而不是出于健康营养学的考虑。

精氨酸在组织修复和免疫细胞功能方面发挥重要作用（Corzo等，2003）。它也是巨噬细胞中一氧化氮合成酶的底物，后者是先天免疫系统的重要组成部分。然而使用精氨酸的成本太高，因此限制了它在动物饲料中的应用。

谷氨酸是哺乳动物血液和游离氨基酸池中含量最丰富的氨基酸，它作为合成核苷酸和氨基糖的供氮体在器官间氮转运中起重要作用。谷氨酸是肾脏中氨形成的关键底物，它通过氧化产生的ATP是胃肠黏膜代谢的主要能源。在发生严重疾病或炎症情况下，由于合成速度不能满足需要，因此谷氨酸就变成了条件性的必需氨基酸。

仔猪断奶后第1周，谷氨酸对维持胃肠黏膜完整、防止绒毛损伤十分重要（Guo等，1996）。饲料中添加谷氨酸提高了肠源性败血症小鼠的淋巴细胞功能，降低了许多器官中髓过氧物酶的活性，这说明谷氨酸能减轻败血症小鼠组织损伤程度。断奶仔猪饲料中添加谷氨酸改善了胃肠道屏障功能，促进了黏膜修复（Domeneghini等，2006）。大量证据表明，饲料谷氨酸有助于维持动物胃肠道的完整性。

组氨酸可抑制因氧化应激引起的胃肠细胞分泌炎性细胞因子（Son等，2005）。氧化应激能导致一系列炎性疾病，扰乱胃肠道正常功能。在这些试验中，组氨酸比赖氨酸、脯氨酸、谷氨酸、丙氨酸和 γ-氨基丁酸等其他氨基酸的抗炎效果更好。因此，组氨酸是胃肠道重要的抗炎剂，有助于维持肠道正常的稳定状态。

苏氨酸与胃肠代谢紧密相关。仔猪饲料中足量的苏氨酸对于合成黏蛋白及维持胃肠道完整性至关重要（Le Floc'h等，2004）。

五、家禽肠道健康：营养吸收障碍综合征

目前还没有找到营养吸收障碍综合征的单一病原，它是公认的多病原混合感染的多因性疾病。这些病原可能是多种病毒，如呼肠孤病毒、腺病毒、轮状病毒、细小病毒，混合细菌感染，如大肠杆菌、奇异变形杆菌、屎肠球菌、产气荚膜梭菌（Rebel等，2006）。然而，这些病原中没有哪一种能单独引发该种疾病。

营养吸收障碍综合征全球暴发，给肉鸡养殖产业带来巨大经济损失。肉鸡感染后增重下降，死亡率增加，胴体品质降低，很容易发生继发感染。病鸡发育迟缓，生长不均匀，经常腹泻，腹泻物中含有未消化的饲料，导致垫料潮湿，羽毛生长受阻，色素减退，骨骼生长畸形。

营养吸收障碍综合征又名传染性腺胃炎、传染性矮小综合征、鸡苍白综

合征。病鸡吸收饲料中类胡萝卜素的能力下降，导致粪中类胡萝卜素排泄过多。由于鸡患病后，小腿苍白，因此营养吸收障碍综合征又叫"鸡苍白综合征"。这将使有色肉鸡或黄羽肉鸡的经济效益大幅下降。

尽管该病被称为营养吸收障碍综合征，但事实上并不清楚它究竟是消化障碍，还是吸收障碍，或是二者兼而有之。诱导营养吸收障碍综合征发生及影响其严重程度的因素包括肉鸡遗传背景、1日龄时的健康状态，以及营养、环境应激、饲养管理（Rebel等，2004）。

感染营养吸收障碍综合征的鸡会发生严重肠炎，同时酶的消化功能减弱，小肠发育受损。研究表明，2周龄内的鸡对营养吸收障碍综合征的易感性最强。在这个阶段，肠道细胞快速发育，全身免疫系统还未完全建立。早期先天性免疫和获得性免疫发育的差异可能是诱发营养吸收障碍综合征的关键因素。

现代肉鸡常常以快速生长为目标进行选育，这就可能间接选择到抗病力低的群体，使它们对肠道疾病的抵抗力减弱（见第一章）。营养吸收障碍综合征发病很可能与炎性细胞因子产生，以及异嗜白细胞涌入胃肠黏膜组织等免疫应答有关。

六、猪的肠道健康

维持动物健康和预防疾病需要相对稳定而有恢复力的胃肠道微生物区系。因而要避免突然改变饲料，否则可能引起胃肠道微生物区系失衡（Hillman，2004）。然而现代养猪生产中，断奶不可避免地要破坏胃肠道的微生物区系和结构。仔猪断奶时，由液态奶突然转换为固体饲料，奶中酪蛋白和乳糖突然被植物蛋白和淀粉所替代，破坏了胃肠道微生物区系，很容易发生肠道疾病。

断奶仔猪的肠道疾病作为动物健康的重要问题，一直在不断研究之中。第三章讲述了控制和避免断奶仔猪发生肠道疾病的饲料调控技术。维持仔猪肠道健康的方法之一就是在饲料中加入大量乳糖或非消化性寡糖——菊粉（Pierce等，2006）。与添加15%的乳糖相比，断奶仔猪饲料添加33%乳糖时盲肠产生了更多挥发性脂肪酸，增加了乳酸菌数量，大肠杆菌略微减少（表5-3）。这些都对健康有利。添加15%菊粉和15%乳糖，降低了肠道pH，增加了绒毛高度，从而有益健康。联合使用大量乳糖和菊粉降低了粪中干物质、乳酸杆菌和双歧杆菌浓度。这很可能是因为过量碳水化合物进入结肠，超出了仔猪的发酵能力。

表5-3 增加饲料乳糖含量对断奶仔猪消化液中总挥发性脂肪酸浓度、
盲肠和结肠中乳酸菌及大肠杆菌数量的影响

肠道部位	指标	乳糖含量（%）	
		15	33
盲肠	总挥发性脂肪酸（mmol/L）	94.8	163.2
	乳酸菌（$\log_{10}$/g）	6.3	7.2
	大肠杆菌（$\log_{10}$/g）	7.1	6.3
结肠	总挥发性脂肪酸（mmol/L）	99.9	194.2
	乳酸菌（$\log_{10}$/g）	6.4	7.4
	大肠杆菌（$\log_{10}$/g）	7.2	6.5

乳铁蛋白是一种来源于乳的多功能糖蛋白，能对断奶仔猪胃肠道形态产生有利影响（Wang等，2006）。仔猪饲料中添加1kg/t乳铁蛋白，增加了绒毛高度，降低了隐窝深度，改善了胃肠道健康。乳铁蛋白具有多种生理作用，包括防止微生物感染、调节免疫功能等，在仔猪营养中发挥重要作用。

七、结论

胃肠道是动物的重要器官，它与外部环境之间形成一个通道。胃肠道完整是动物健康的决定性因素，因为肠道疾病会给动物生产带来严重问题，造成重大经济损失。胃肠道发育与饲料供应相关，家禽延迟饲喂会影响其正常生长发育。胃肠表面覆盖着的黏液层，能保护上皮细胞免于被酶消化或被毒素损伤。动物充足的采食量对于维持黏液层完整十分重要。胃肠道中有复杂的微生物区系，它们防止病原入侵，并在大肠中对未消化的饲料进行发酵。其发酵产物，特别是丁酸，是大肠细胞重要的营养物质。许多氨基酸，如精氨酸、谷氨酸、苏氨酸和组氨酸，共同维护胃肠道的完整性。肠道疾病其实就是胃肠道紊乱的表现，如肉鸡营养吸收障碍综合征、仔猪各种腹泻问题等。

（姚焰础 主译）

➜ 参考文献

Andoh A，Bamba T，Sasaki M，1999. Physiological andanti-inflammatory roles ofdietary fibre and butyrate in intestinalfunctions[J]. Journal of Parenteral and Enteral Nutrition，23：S70-S73.

Bauer E，Williams B A，Smidt H，et al，2006. Influence of dietary components on developmentof the microbiota in single-stomached species[J]. Nutrition Research Reviews，19：63-78.

Corzo A，Moran E T，Hoehler D，2003. Arginine need of heavy broiler males：Applying the ideal protein concept[J]. Poultry Science，82：402-407.

Domeneghini C，Giancillo A di，Bosi G，2006. Can nutraceuticals affect the structure of intestinal mucosa?Qualitative and quantitative microanatomy in L-glutaminediet-supplemented weaning piglets[J]. Veterinary Research Communications，30：331-342.

Finnie I A，Dwarakanath A D，Taylor B A，et al，1995. Colonic mucin synthesis is increased by sodium butyrate[J].Gut，36：93-99.

GuoYao W，Meier S A，Knabe D A，1996. Dietary glutamine supplementation prevents atrophy in weaned piglets[J]. Journal of Nutrition，126：2578-2584.

Hillman K，2004. Effect of raw materials on bacterial control ofthe gut. In Disease Control Without Medicines，Society of FeedTechnologists，UK. Le Floc'h N，Melchior D，Obled C，2004. Modification of protein and amino acid metabolism during inflammation and immune system activation[J]. Livestock Production Science，87：37-45.

Lien K A，Sauer W C，He J M，2001. Dietary influences on the secretion into and degradation of mucin in the digestive tract of monogastric animals and humans[J]. Journal of Animal and Feed Sciences，10：223-245.

Lu J，Idris U，Harmon B，et al，2003. Diversity and succession of the intestinal bacterial community of the maturing broiler chicken[J]. Applied and Environmental Microbiology，69：6816-6824.

Mikec M，Bidin Z，Valentic'A，et al，2006. Influence of environment and nutritional stressors on yolk sac utilization，development of chicken gastrointestinal system and its immunestatus[J]. World's Poultry Science Journal，62：31-40.

Montagne L, Piel C, Lallès J P, 2004. Effect of diet on mucin kinetics and composition: nutrition and health implications[J].Nutrition Reviews, 62: 105-114.

Pierce K M, Sweeney T, Brophy P O, et al, 2006. The effect of lactose and inulin on intestinal morphology, selected microbial populations and volatile fatty acid concentrations in the gastro-intestinal tract of the weanling pig[J]. Animal Science, 82: 311-318.

Pryde S E, Duncan S H, Hold G L, et al, 2002. The microbiology of butyrate formation in the human colon[J]. FEMS Microbiology Letters, 217: 133-139.

Rebel J M J, van Dam J T P, Zekarias B, et al, 2004.Vitamin and trace mineral content in feed of breeders and their progeny: effects of growth, feed conversion and severity of malabsorption syndrome of broilers[J]. British Poultry Science, 45: 201-209.

Rebel J M J, Balk F R M, Post J, et al, 2006. Malabsorption syndrome in broilers[J]. World's Poultry Science Journal, 62 : 17-29.

Sherman P, Forstner J, Roomi N, et al, 1985.Mucin depletion in the intestine of malnourished rats[J]. American Journal of Physiology-Gastrointestinal and Liver Physiology, 248: G418-423.

Shira E B, Sklan D, Friedman A, 2005. Impaired immune response in broiler hatchling hind gut following delayed access to feed[J]. Veterinary Immunology and Immunopathology,105: 33-35.

Son D O, Satsu H, Shimizu M, 2005. Histidine inhibits oxidative stress- and TNF-a-induced inteleukin-8 secretion in intestinal epithelial cells[J]. FEBS Letters, 579: 4671-4677.

Wang Y, Shan T, Xu Z, et al, 2006. Effect of lactoferrin on the growth performance, intestinal morphology and expression of PR-39 and protegrin-1 genes in weaned piglets[J]. Journal of Animal Science, 84: 2636-2641.

Williams B A, Verstegen M W A, Tamminga S, 2001.Fermentation in the large intestine of single-stomached animals and its relationship to animal health[J]. Nutrition Research Reviews, 14: 207-227.

饲料与宿主动物的相互作用（2）：
对免疫系统的支持

　　动物不可避免的生活在一个恶劣环境中，饲料、饮水和环境中都存在着种类繁多的微生物。一些致病微生物会轻而易举地穿透呼吸道、胃肠道和生殖系统的上皮细胞并侵入体内。在大多数动物的胃肠道和其他空腔内聚集着许多微生物。对动物的健康来说，胃肠道内庞大的微生物数量既可以是有益的也可以是有害的，因此必须进行良好的调控。胃肠道的病毒感染通常发生在猪和家禽中，可能表现出或轻或无的症状，但也可能带来灾难性的损失。此外，胃肠道的病毒感染可能导致其他疾病的恶化。病毒可损坏胃肠道的黏膜层，并给其他潜在的病原体（如大肠杆菌或沙门氏菌属）提供入侵口。而这种损害也能致使其他病原体附着于胃肠道上皮。各种病原体引起的胃肠道损害和腹泻综合征的发作，也会对被感染动物的养分消化能力和吸收能力产生间接的不利影响。

　　致病微生物生长必须加以控制，以避免发生直接的疾病症状、随机性感染和严重肠道疾病。因此，日粮对免疫系统的支持成为另外一个影响饲料-动物之间相互关系的重要因素。日粮主要在三个方面与动物存在相关性：①维持胃肠道的完整性；②支持免疫系统；③调理氧化应激和疾病。

　　通过卫生和屠宰等战略性政策措施来消除动物疾病会带来相应的风险。一旦疫情暴发，牲畜会对某些病原体丧失免疫力。另外，越来越多的国家更倾向于通过在动物生产中减少抗生素和其他药物的使用来控制传染病。因此，为了保护动物健康，一个高效的免疫系统的健全和支持就变得越来越重要。

病原微生物感染对营养有直接影响（图6-1）。病原微生物感染对食欲的抑制会降低动物对营养物质的摄入，而营养物质的摄入对于维护动物良好的生长却极为重要。胃肠道组织的损害，既可能发生在常发病的断奶仔猪的小肠绒毛上，也可能在家禽中由于病灶的恶化而发生坏死性肠炎。这些损害表现为腹泻和饲料营养物质的吸收不良，最终导致那些本应该用于生长而食入的营养物质的损失。体温升高和免疫系统的激活增加了动物对营养物质的需求，然而这部分需求的营养物质并没有用于动物的生长。

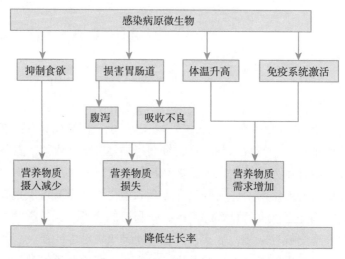

图6-1　病原微生物感染导致动物生长速率降低的影响途经

动物免疫力下降却增加了机体对营养物质的需求，从而增加易感性疾病的发病率和死亡率，最终导致生产效率明显降低。然而，免疫反应也必须严格控制，否则严重的炎症性疾病将会恶化，生长也会受到抑制。因此，食用动物的免疫调节措施对于维护动物健康来说仍然非常重要，尤其是黏膜免疫和通过营养策略激活的先天免疫系统。

先天性免疫应答对于肠道疾病的抵抗和黏膜适应性免疫的诱导都是至关重要的。这一免疫系统由自然杀伤细胞、粒细胞、巨噬细胞和肥大细胞组成。它快速的防御机制，为防止微生物病原体感染提供了一个重要的防线，特别是NK细胞对于机体防护病毒感染做出了重要的贡献。

　　先天免疫系统的激活依赖于对特定的微生物特征性分子的识别，这些特征性分子称为病原体相关分子模式（pathogen-associated molecular patterns，PAMPs）。PAMPs在动物细胞中没有被发现，却发生在许多微生物体内。这些特征性分子包括脂多糖、细菌脂肽、双链RNA和DNA轴未甲基化的CpG序列。

　　在先天性免疫系统介质中的toll-like受体（toll-like receptors，TLRs）能识别这些PAMPs（Takeda等，2003）。胃肠道细胞对微生物PAMPs的响应能力取决于TLRs在细胞表面上的表达。这将导致能够产生具有抗菌作用的氮类和活性氧的巨噬细胞的活化。另外主要由NF - κB构成的转录因子，受到调变分子和下游的激酶（如IRAK-4）的激活调控。先天免疫系统控制着促炎性细胞因子的产生，这一因子可刺激发生获得性免疫应答。先天免疫系统的反应可抑制病原体的生长和复制或引发级联反应，从而导致在获得性免疫应答中产生抗体（图6-2）。这保证了动物体得以快速和恰当的方式应对微生物的威胁。

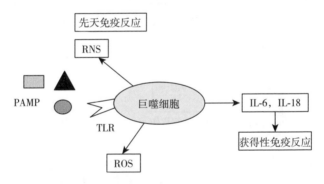

图6-2　先天免疫系统反应示意图

注：IL，白细胞介素；TLR，toll样受体；PAMP，病原相关分子模式；RNS，活性氮；POS，活性氧。

　　脊椎动物也依赖于自适应或细胞介导来获得免疫能力，有T细胞和B细胞两种主要类型的淋巴细胞。细胞介导的免疫通过B细胞产生的抗体被释放到血液中发挥作用。这种免疫能力是基于能够识别和消除特定抗原（如入侵的细菌）的免疫球蛋白的产生。这必然要比先天免疫系统慢，因为它需要生产合适的抗体来与病原体结合。细胞介导的免疫系统也负责特异性免疫的发展，应对病原体感染所产生的抗体会留在体内一段时间，这样可以防止后续的感染。细胞介导的免疫可适应病原体并且具有记忆能力。一般免疫系统反应见图6-3。

大量的证据表明，哺乳动物和禽类的免疫系统会与诸多因素，如环境、生理状态、基因构成、毒素的存在和营养等相互响应。饮食和免疫系统之间存在着相互作用，如营养可以调节免疫系统，另外免疫系统的反应也可影响营养需求。饲料中的诸多成分，如真菌毒素、细菌、病毒和营养因子对免疫系统也有重要影响。猪的多系统衰竭综合征是一种环境与免疫应答及病毒相关的疾病。如第四章所讨论的那样，霉菌毒素可以抑制免疫系统，这项结论已被广泛认可（Li 等，2000a，2000b）。饲喂含黄曲霉毒素的种鸡所产雏鸡表现出了严重的免疫力下降（Qureshi 等，1998a）。免疫抑制使动物更容易受到二次感染或亚临床感染，并对注射疫苗的效果反应不佳。

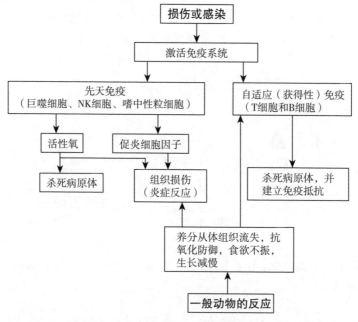

图6-3　一般免疫系统的反应

免疫调节是动物生产的一个重要而又微妙的环节，因为它一方面需要避免免疫抑制，因为这将使动物暴露于传染性疾病之下；但另一方面它也必须避免免疫系统过度激活，因为这将会对机体生长产生抑制作用。在受到疾病威胁的过程中，或被暴露在具有高微生物的不良卫生环境下，免疫系统都可能被激活。这种免疫系统的激活有几个重要的生理后果：产生促炎性细胞因子，如

IL-1、IL-6、TNF-α，以及动物出现食欲降低。

众所周知，日粮的特性会影响免疫系统的稳定性，但各种营养因子和营养物质是如何具体影响免疫系统的却仍不明确。显然，有效的动物免疫应答需要在适当的时间、适量的营养物质和营养因子供给的情况下才能发生。然而，以维持生长和繁殖为目标所确立的日粮需要是否足以支持免疫反应还不明确。因为免疫系统的激活和炎症的发展改变了蛋白质代谢，所以有可能常用的营养标准并不适用于最佳抗病性的营养需求（Le Floc'h 等，2004）。

动物免疫系统长期处于恒定的低水平激活状态会导致免疫能力的降低，因为此时氨基酸不再被用于蛋白质的产生而是被转移到参与炎症反应和免疫反应的组织中，从而减少对了生长和哺乳的供给。日粮中的氨基酸被用于炎症的产生和免疫蛋白的合成，以支持免疫细胞的增殖；同时也被用来合成其他重要化合物，如急性期蛋白（acute phase protein），以用于机体防御所需（见第八章）。

因此，免疫系统的刺激诱发了对氨基酸，如谷氨酰胺、半胱氨酸、精氨酸、酪氨酸、苯丙氨酸和色氨酸特定的需求。对动物来说，在免疫应激的条件下增加这些氨基酸的采食供给可发挥有益的作用。此外，免疫系统的激活一般都会使动物降低采食量，加剧动物的营养缺乏。

分子量大的化合物，如多糖、蛋白质、糖肽和核苷酸已被确定具有免疫调节特性。白对虾饲料中含有2kg/t的海藻酸钠时，可提高其免疫能力，增强其对溶藻弧菌的抵抗力（Cheng 等，2005）。酵母细胞壁中的 β - 葡聚糖已被作为免疫刺激剂用于水产养殖中，并且也已被证明可上调雏鸡对沙门氏菌的先天免疫响应能力（Lowry 等，2005）。给肉鸡限制性饲喂从酵母细胞壁中提取的 β -1，3/1，6 - 葡聚糖，能减少由大肠杆菌引起的呼吸系统疾病所产生的生产损失（Huff 等，2006）。然而未受疾病威胁的肉鸡饲喂葡聚糖时肉鸡体重也降低。这很可能是由于葡聚糖所引发的过度免疫刺激对机体生长产生了抑制。这有一个能用来说明免疫调节灵敏度的好例子。鸡日粮中添加蘑菇和香草多糖能够提高其对艾美耳球虫的免疫应答能力（Guo 等，2004）。与不饲喂多糖的艾美耳球虫感染鸡只相比，感染禽艾美球虫同时饲喂多糖的鸡只体内特异性免疫球蛋白（IgA、IgM和IGC）的产生量有显著升高。燕麦 β - 葡聚糖能增强免疫抑制小鼠对艾美耳球虫感染的抵抗力（Yun 等，1997）。给处于免疫被抑制的艾美耳球虫感染小鼠组饲喂燕麦 β - 葡聚糖，小鼠粪便中卵囊的排出量明显少

于未饲喂燕麦 β-葡聚糖的对照组。而未饲喂 β-葡聚糖免疫抑制小鼠组表现出更严重的球虫疾病临床症状，同时出现50%的死亡率；而 β-葡聚糖治疗组表现出了最小的临床症状，且无死亡记录。对艾美耳球虫的这一抵抗能力也与 β-葡聚糖处理的小鼠血清中较高的免疫球蛋白阈值有关。

β-葡聚糖也被用于猪的营养研究，并有不同的结果。在仔猪饲料中添加0.02% β-葡聚糖，猪的生长性能和对营养物质的消化率并没有得到改进（Hahn等，2006），而且饲喂 β-葡聚糖的仔猪只观察到免疫指标的边际效益。在每千克饲料中添加50mg从酿酒酵母中提取到的 β-葡聚糖，通过饲喂可检测到猪的生长性能得到一些改善，但更高水平的供给却降低了平均日增重（Li等，2006）。在仔猪日粮中添加500g/t从中草药黄芪中提取的 β-葡聚糖，可减少炎性细胞因子、白细胞介素-1、前列腺素 E_2 及皮质醇的释放（Mao等，2005）。这种反应不仅会降低通常与免疫威胁相关的肌肉萎缩，从而降低养分从支持组织的生长转到支持免疫功能的重新分配，而且也会降低免疫应激。在这个例子中，黄芪 β-葡聚糖可提高传统环境中仔猪的免疫能力。

各种抗氧化剂，特别是类胡萝卜素（Chew，1993；Blount，2004）和生育酚类在支持免疫系统中是有作用的。黄色类胡萝卜素、叶黄素可以调节猫细胞介导的体液免疫应答（Kim等，2000）。连续每天给猫饲喂1～10mg叶黄素，8周后免疫球蛋白G（IgG）的产生量显著增加，并且这种趋势可持续长达12周。日粮叶黄素也可增强狗接种常规疫苗后的抗体反应（Kim等，2000b）。

有证据表明在禽类中免疫应答与叶黄素有关（Blount 等，2003）。先给斑胸草雀饲喂高含量叶黄素的日粮，然后用凝集素（植物血凝素）进行处理，此植物血凝素诱导的一个有细胞介导的免疫应答可用鸟类皮肤的肿胀程度来测量。饲喂添加叶黄素日粮的斑胸草雀，其血浆总类胡萝卜素含量增长了2倍，并且相对于对照组，处理组的免疫反应显著提高。表6-1表明，免疫功能可能受到日粮中类胡萝卜素可利用性的限制。

表6-1 膳食叶黄素对血浆总类胡萝卜素含量和免疫应答的影响

参　数	处　理	
	对照组	叶黄素组
总类胡萝卜素（ug/mL）	32.00	68.00
免疫反应（mm）	0.80	1.75

叶黄素对生长鸡炎症反应的影响进一步证明叶黄素对健康的影响（Koutsos 等，2006）。在这项研究中，当给雏鸡饲喂 LPS 时，叶黄素本身并没对雏鸡的生长产生影响，但它却减弱了全身炎症免疫反应的指标。那些没有饲喂含有叶黄素日粮的雏鸡用 LPS 刺激后与饲喂叶黄素的鸡雏相比，体重下降更多，法氏囊重、胸腺重和脾脏重却增加更多。饲喂缺少叶黄素的日粮，雏鸡在受脂多糖刺激后，在血液中急性时相蛋白反应更大。蛋鸡补充叶黄素后，可加强传染性支气管炎病毒疫苗接种时的抗体反应（Bédécarrats 和 Leeson，2006）。这表明叶黄素的另外一个益处是增强疫苗的效力。在欧洲，许多家禽饲料，通常是基于小麦、大麦和杂交玉米进行配制，故类胡萝卜素的含量非常低，这样的日粮可能不足以支持最佳免疫系统的建立。

给肉种鸡补充维生素 E，提高鸡苗的淋巴细胞功能（Haq 等，1996）。1 日龄和 7 日龄雏鸡新城疫病毒抗体的产生有所增加。这些结果表明，对肉种鸡来说，雏鸡免疫应答的最大化对维生素 E 的需求可能比性能最大化更高。

免疫系统对损伤或感染的一个重要反应就是产生活性氧和促炎细胞因子，如 IL-1、IL-6 和 TNF-α。活性氧是由巨噬细胞在突发性呼吸中产生的，属先天免疫应答的一部分。巨噬细胞实际上是吞噬细胞，它可以结合、吞噬和降解外来抗原，如细菌；能有效、快速地杀死入侵的病原体，而没有任何滞后期。鸡巨噬细胞能在 15min 内杀灭 80% 以上的沙门氏菌（Qureshi 等，1998b）。先天免疫系统是维持健康的一个非常重要的部分，它可以非常迅速地对进入机体的病原体作出反应。

但是作为先天免疫应答一部分，ROS 及炎性细胞因子产生的增加反过来会引起健康问题。在 ROS 和炎性细胞因子之间有一个对动物来说不利的协同效应，它可导致严重的组织损伤和健康不良。过量产生的炎性细胞因子加上感染一起可导致败血症、器官衰竭和肌肉蛋白快速降解。此外，发生炎症反应的细胞含有高水平的被激活的 NF-κB，NF-κB 是一种可以促进与炎症相关的多种基因表达的转录因子。

免疫和炎症细胞中富含有 n-6 多不饱和脂肪酸，特别是亚油酸和花生四烯酸。如果日粮中这些脂肪酸过量供给，则会加剧炎症反应。这可以通过降低饲料中 n-6 ∶ n-3 多不饱和脂肪酸的值来加以应对，而这只能通过在日粮中添加大量的 n-3 多不饱和脂肪酸的鱼油来直接实现。

大量的动物细胞培养和活体动物试验已经表明，鱼油中的 n-3 多不饱和脂肪酸可改变炎症因子的产生并减少NF-κB的活化（Calder，2006）。通过对人上皮细胞的培养结果可知，脂肪酸，如二十碳五烯酸（eisosapentaenoic acid，EPA）和二十二碳六烯酸（docosahexenoic acid，DHA），能抑制因内毒素的刺激而产生的IL-6和IL-8。在牛软骨细胞的培养过程中，n-3多不饱和脂肪酸可完全抑制TNF-α、IL-1α和IL-1β水平的上调。在培养胰岛细胞时，EPA在巨噬细胞中诱导IL-6的表达和防止NF-κB活化效果要比花生四烯酸的有效性差。同样，EPA或鱼油在人单核细胞中减少了NF-κB因内毒素诱导的激活。

饲喂鱼油的动物饲养试验结果与体外细胞培养获得的有关长链n-3多不饱和脂肪酸，对NF-κB激活和炎症细胞因子产生的影响结果一致。与饲喂玉米油相比，鱼油降低了小鼠脾淋巴细胞中NF-κB的活化。当给小鼠饲喂鱼油时降低了由内毒素刺激巨噬细胞所产生的TNF-α、IL-1β和IL-6的浓度，给小鼠注射内毒素也降低了在循环血中的TNF-α、IL-1β和IL-6的浓度。与红花油相比，日粮鱼油显著增强了豚鼠腹腔内毒素感染的存活率，并且降低循环血中的TNF-α、IL-1β和IL-6的浓度。

这些观察表明了长链n-3多不饱和脂肪酸的一系列抗炎作用，它们似乎能够通过抑制转录因子NF-κB的活化来改变炎症基因的表达。从一系列动物研究工作中获得的总体效果是，以鱼油的形式供给长链n-3多不饱和脂肪酸可以增加暴露于活病原体下动物的存活率。这极有可能是由于改善了动物的免疫防御能力。

长期以来，人们一直习惯性地考虑动物饲料中不饱和脂肪酸与饱和脂肪酸的比例，因为饱和脂肪酸比不饱和脂肪酸的消化率差。这对于幼龄动物来说就显得特别重要，因为其饲料中的脂肪和油的有效消化是需要着重考虑的因素。然而依据NbH的观点，或许饲料配方也应考虑n-3与n-6多不饱和脂肪酸的比例。对动物来说，日粮中脂肪酸组合很可能具有健康维护和疾病预防的重要作用。

这里的问题是，n-3多不饱和脂肪酸的直接供应仅能由鱼油提供。这些都是常规使用的鱼饲料原料，但不是常用的单胃动物饲料。现在已经进行了新的尝试。例如，亚麻籽油是亚麻酸的良好来源，可以在动物体内通过代谢生成n-3多不饱和脂肪酸，但亚麻酸和n-3多不饱和脂肪酸转化的效率很低。此外，鱼油或亚麻籽油的使用也会带来这些原料在饲料中自然氧化的潜在问题。

　　另外一种方法是降低饲料中亚油酸和亚麻酸的比率，因为亚油酸是产生花生四烯酸和促进炎症反应后续发展的主要底物。虽然亚油酸在大豆油、葵花油和棉籽油中是主要脂肪酸，但其他植物油，如菜籽油、棕榈油或橄榄油的亚油酸含量要低得多。

一、幼龄动物

　　对于刚出生的哺乳动物或刚孵出的雏鸡的初始保护无疑需要NbH方法。哺乳动物的乳汁和鸟类的卵黄囊含有各种免疫球蛋白和母源抗体，它们可以保护幼畜和雏鸟不受母体在其生活中曾经接触过的病原体的威胁。

　　刚孵出的雏鸡体内残留的卵黄囊内容物为其生存的第1天提供了内源性营养物，同时直到外部饲料被食入之前，它也是抗体的来源。因此，高效地利用卵黄囊内容物对刚孵出的雏鸡随后的生长和发育都是非常重要的（Mikec等，2006）。环境因素引起的应激对雏鸡的发育和免疫力都会产生负面影响。应激是卵黄吸收障碍的主要原因，这会影响生长鸡的胃肠道发育和健康状况。卵黄囊内容的吸收途径取决于雏鸡对能量的需求。如果外源性饲料立即供给，那剩余的卵黄囊内容物在发育不全的胃肠道内的再吸收将变差。如果没有可用的饲料，卵黄囊内容物通过内吞作用方式经过卵黄囊壁就直接进入血液，这是一种更有效的吸收系统。

二、胃肠道免疫反应

　　抗生素生长促进剂的广泛使用成为众多问题中的一个，如耐万古霉素肠球菌（vancomycin-resistant enterococci，VRE）的出现，同时也存在从动物传染到人类的后续风险（Bates等，1994）。机体一旦感染了VRE将是非常难以控制的，因为它具有非常广泛的多重耐药性。

　　抗万古霉素肠球菌的令人感兴趣的可行办法是，通过在日粮中添加从粪肠球菌的死细胞中提取的免疫制剂，从而在胃肠道中引起免疫反应（Sakai等，2006）。

在抗万古霉素肠球菌接种后第14天，与对照组相比，粪肠球菌处理组鸡只的盲肠中VRE检测出的水平较低（表6-2）。在日粮中使用凋亡粪肠球菌制剂的结果表明，总IgA在盲肠食糜中的含量也有显著增加。死菌制剂的试验获得一个相当有趣的结果，即死菌制剂比通过定量饲喂或饮水投入活培养物显然更安全。另外，死细胞制剂不会从VRE中获得或传递耐万古霉素的质粒。

表6-2 肉鸡盲肠食糜中VRE及总IgA含量

参　数	处　理	
	对照组	粪肠球菌
试验鸡数	13	13
VRE检出率（%）	100	54
VRE数量（×10³CFU/g）	85.6	8
总IgA（μg/mL）	284.4	366.1

这里的作用模式可能是在胃肠道中的局部区域刺激，而非全身性免疫应答。革兰氏阳性菌（如粪肠球菌）是已知的可在哺乳动物胃肠道内刺激产生炎症反应的细菌。在接种后第3天VRE检出率就相对快速下降，这表明有先天免疫系统的参与。然而，这些仅是初步结果，有必要对这种反应作进一步的确认。

营养性措施可以改变肉鸡胃肠道发育过程中的免疫反应。在肉种鸡日粮中增加维生素和微量矿物质供应，肉种鸡的免疫反应能得到改善，另外这种改善的免疫反应还可以传承给后代。例如，获得高水平维生素和矿物质供给的种鸡其所产的1日龄雏鸡数量得以增加，且雏鸡会更快地从营养吸收障碍综合征导致的肠道病变中恢复过来。

三、增强疫苗反应

接种疫苗预防传染病的多项免疫计划正被广泛应用于动物生产中，对改善动物健康和提高对疾病的抵抗力已收到很大益处。然而刚孵出的雏鸡免疫系统并不健全，这常常导致雏鸡对疫苗接种反应的效果不佳，以及随之而来的抗病力降低。因此，必须关注营养策略，以改善幼龄动物接种疫苗的反应。

营养因子叶黄素，似乎可以增加疫苗对传染性支气管炎病毒的功效（Bédécarrats和Leeson，2006）。另一个提高免疫应答的营养策略是在饲料中降低亚油酸和亚麻酸的比值。亚油酸是n-6多不饱和脂肪酸，可以产生花生四烯酸，并且通过产生更多的IL-1、TNF-α和IL-6，最终起到促炎作用。从鱼油中得到的亚麻酸和多不饱和脂肪酸为n-3脂肪酸，它们通过抑制花生四烯酸的产生而抑制炎症反应。

在家禽饲料配方中添加高达4.39%的亚麻籽，降低了亚油酸和亚麻酸的比例，使对照日粮的这一比例由17：1降低至2：1（Puthpongsiriporn和Scheideler，2005）。给新孵出的雏鸡饲喂这些低亚油酸：亚麻酸值的日粮，能改变免疫组织的脂肪酸组成，从而在接种新城疫病毒和传染性法氏囊病后增加抗体产生的量；降低亚油酸和亚麻酸的比例虽然可抑制花生四烯酸的产生，却可促进EPA和DHA的产生（表6-3）。

表6-3　小母鸡各免疫组织中花生四烯酸、EPA和DHA的含量

（占总脂肪酸的百分比，%）

雏母鸡年龄（周）	亚油酸：亚麻酸	免疫组织	花生四烯酸	EPA	DHA
16	17：1	脾	11.47	0.87	1.07
	2：1		6.92	3.29	2.35
16	17：1	胸腺	7.29	0.51	1.14
	2：1		3.36	1.28	2.13
8	17：1	法氏囊	9.80	0.05	0.92
	2：1		4.70	0.78	2.68

一般来讲，当给小母鸡饲喂低亚油酸和亚麻酸比例的日粮时，免疫组织中花生四烯酸的比重大约降低50%。这种花生四烯酸与EPA和DHA的比例变化被认为是通过影响花生酸的产生，从而介导了一个更有效的免疫应答，反过来又导致了抗体产生的增加。

这些数据清楚地说明了疫苗接种的有效反应与动物营养之间有重要的相互作用。显然NbH的一个重要内容是确保日粮配方的设计会支持疫苗能有更好的效果。

四、基于植物的可食用疫苗

有可能通过转基因植物生产疫苗，这对动物及人类来说是一个非常有价值的NbH程序（Haq等，1995）。相比于使用的传统疫苗，通过转基因植物生产的疫苗有几大优势：①更低的成本，因为它们将从传统的种植业中产生。②疫苗抗原在植物中的生产具有很高的效率，因此将需要相对少量的各种作物来进行疫苗生产。③当这种疫苗被储存于干燥的植物细胞中，并在环境温度条件下保存时，它们将更加稳定，疫苗的冷冻保存将不再重要。④潜在的不良反应也会降低，因为该转基因植物只被设计用来表达病原体的一小部分抗原。⑤这类疫苗也不含动物病原体，如朊蛋白，因此在这些疫苗中应该没有动物疾病传染的风险。⑥具有生成多组分疫苗的潜力。⑦通过植物生物技术生产的疫苗都可被设计为口服方式（Streatfield等，2001）。这意味着它们将会以更简单的方式饲喂给动物，因为含疫苗的植物可以简便地混拌到常规动物饲料当中去。

基于植物的可食用疫苗的一个例子是在土豆中表达作为抗原利用的诺瓦克病毒衣壳蛋白（Tacket等，2000）。当这种转基因马铃薯提供给人类志愿者后，20名受试者中的19名对抗原发生了免疫应答反应。这一试验结果证实，当通过口服转基因马铃薯将外源蛋白转给黏膜免疫系统时，该外源蛋白是具有免疫原性的。有一种基于植物的多组分疫苗包含霍乱毒素互补DNA，并与在转基因马铃薯中得到表达的轮状病毒肠毒素中的和肠毒素大肠杆菌菌毛抗原基因融合（Yu和Langrióge，2001），当口服该转基因马铃薯得到免疫小鼠后，血清和肠道内针对病原体抗原的抗体可被检测出来。新生小鼠接种轮状病毒后的被动免疫期间，腹泻症状的严重程度和持续时间都明显减轻。基于植物的可食用疫苗可以同时对病毒感染和细菌性疾病提供保护。基于植物的可食用疫苗的潜力和多功能性已经在转基因马铃薯中表达的乙肝表面抗原研究中得到了进一步的确认（Kong等，2001）。给小鼠饲喂转基因马铃薯时，小鼠能产生超出保护水平的血清抗体，并刺激肠道产生强烈持久的二级抗体反应。通过食用被设计可以表达一个编码大肠杆菌热不稳定肠毒素亚单位基因的转基因玉米，可以使健康成人血清中IgG抗肠毒素得到升高（Tacket等，2004），重复食用被证明能增加免疫应答。

与动物健康更直接相关的是转基因烟草植物中抗猪流行性腹泻病毒疫苗的生产（Bae等，2003）。猪流行性腹泻病毒具有高度传染性，能引起所有年龄段猪的肠炎，这对新生仔猪来说往往是致命的。转基因烟草植物被简单地冷冻干燥，研磨成细粉末后悬浮于缓冲液中，可直接给小鼠饲喂。如表6-4中所示，与对照组小鼠相比，在饲喂有抗原表达的转基因烟草的小鼠组收集到的粪便样品中能检测到较高水平的抗原特异性IgA。这里还有一个剂量响应因素，因为相比那些饲喂1mg植物材料的小鼠，在那些饲喂给5mg的植物材料小鼠的粪便样品中发现了更高水平的抗原特异性的IgA。饲喂小鼠以植物基础的食用疫苗诱导了一种高效抗原特异性黏膜免疫应答。

表6-4　喂养转基因烟草的处理组和对照组小鼠粪便样品中针对特定抗原IgA的水平

抗原含量（mg）	对照组	处理组
1	0.15	0.30
5	0.24	0.68

注：IgA采用ELISA系统测定，并在405nm条件下测试吸光度。

转基因紫花苜蓿植物已被用来减少仔猪因肠毒性大肠埃希氏菌引起的腹泻（Joensuu等，2006）。编码肠毒性大肠埃希氏菌F4菌毛黏附物质和FaeG的DNA序列被转移到可食用的苜蓿植物中，通过叶绿体的作用，转基因苜蓿可溶性蛋白质中F4菌毛黏附物质含量可高达1%。FaeG在转基因植物干燥后可在室温条件下可稳定储存2年。植物来源的FaeG的使用增强了对FaeG的免疫反应。生产FaeG亚基蛋白的转基因苜蓿植株可用于生产抗大肠埃希氏菌感染的口服疫苗。

植物的可食用疫苗在动物生产中的使用将是非常可取的措施。特别是，它们会在黏膜部位提供增强的免疫反应，包括生产分泌型IgA，通过防止病原体与黏膜表面的特异性相互作用而对病原菌定植和感染进行防御。有许多重要的动物病原体能够引起肠道或呼吸道疾病，因此黏膜反应是防御的重要防线。此外，对NbH策略来说，其潜在的成本低廉和对动物便于使用的优势是非常吸引人的。

五、结论

很显然，现代动物生产中支持高效免疫系统对保障动物健康是非常重要的。哺乳动物和鸟类的免疫系统受到动物外部和内部因素的影响，包括环境、遗传、毒素和营养。霉菌毒素是众所周知的免疫抑制剂。营养影响免疫系统的抵抗能力是公认的，但各种营养物质和营养因子是如何具体影响免疫系统的仍然不清楚。对动物生长所需的日粮要求是否足以支持免疫系统的需求还没有确定。叶黄素是一个很好的例子，其对动物生长的影响不大，但对免疫系统的支持却起着重要作用。各种非消化性糖类还兼具有免疫调节作用。在饲料中提高n-3和n-6多不饱和脂肪酸的比例，在支持免疫系统方面也是有益的。幼龄动物对病原体感染特别敏感，良好的初生营养对健康维护和疾病预防非常重要。有可能通过使用细菌细胞碎片来提高胃肠道感染的免疫反应，增强疫苗应答对动物健康起重要作用，特别是基于植物的可食性疫苗的开发将在这里变得非常重要。对NbH策略来说，其潜在的成本低廉和对动物便于使用的优势是非常吸引人的。

（张学锋　主译）

➔ 参考文献

Bae J L, Lee J G, Kang T J, et al, 2003. Induction of antigen-specific systemic and mucosal immune responses by feeling animals transgenic plants expressing the antigen[J]. Vaccine, 21: 4052-4058.

Bates J, Jordens J Z, Griffiths D T, 1994. Farm animals as a putative reservoir for vancomycin-resistant enterococcal infection in man[J]. Journal of Antimicrobial Chemotherapy, 34: 507-514.

Bédécarrats G Y, Leeson S, 2006. Dietary lutein influences immune response in laying hens[J]. Poultry Science, 15: 183-189.

Blount J D, 2004. Carotenoids and life-history evolution in animals[J]. Archives of Biochemistry and Biophysics, 430: 10-15.

Blount J A, Metcalf N B, Birkhead T R, et al, 2003.Carotenoid modulation of immune function and sexual attractiveness in Zebra finches[J]. Science, 300: 125-127.

Calder P C, 2006. Use of fish oil in parenteral nutrition: rationale and reality[J]. Proceedings of the Nutrition Society, 65: 264-277.

Cheng W, Liu C H, Kuo C M, et al, 2005. Dietary administration of sodium alginate enhances the immune ability of white shrimp Litopenaeus vannamei and its resistance against Vibrio alginolyticus[J]. Fish and Shellfish Immunology, 18: 1-12.

Chew B P, 1993. Role of the carotenoids in the immune response[J]. Journal of Dairy Science, 76: 2804-2811.

Guo F C, Kwakkel R P, Williams B A, et al, 2004. Effects of mushroom and herb polysaccharides on cellular and humoral immune responses of Eimeria tenella-infected chickens[J]. Poultry Science, 83: 1124-1132.

Hahn T W, Lohakare J D, Lee S L, et al, 2006. Effects of supplementation of ß-glucans on growth performance, nutrient digestibility, and immunity in weanling pigs[J]. Journal of Animal Science, 84: 1422-1428.

Haq T A, Mason H S, Clements J D, et al, 1995. Oral immunization with a recombinant bacterial antigen produced in transgenic plants[J]. Science, 268: 714-716.

Haq A-L, Bailey C A, Chinnah A, 1996. Effect of ß-carotene, lutein, and vitamin E on neonatal immunity of chicks when supplemented in the broiler breeder diets[J]. Poultry Science, 75: 1092-1097.

Huff G R, Huff W E, Rath N C, et al, 2006. Limited treatment with ß-1, 3/1, 6-glucans improves production values of broiler chickens challenged with Escherichia coli[J]. Poultry Science, 85: 613-618.

Joensuu J J, Verdonck F, Ehrström A, et al, 2006. F4 (K88) fimbrial adhesin FaeG expressed in alfalfa reduces F4+ enterotoxigenic Escherichia coli excretion in weaned piglets[J]. Vaccine, 24: 2387-2394.

Kim H W, Chew B P, Wong T S, et al, 2000a. Modulation of humoral and cell-mediated immune responses by dietary lutein in cats[J]. Veterinary Immunology and Immunopathology, 73: 331-341.

Kim H W, Chew B P, Wong T S, et al, 2000b. Dietary lutein stimulates immune response in the canine[J]. Veterinary Immunology and Immunopathology, 74: 315-327.

Kong Q, Richter L, Yang Y F, et al, 2001. Oral immunization with hepatitis B surface antigen expressed in transgenic plants[J]. Proceedings of the National Academy of Science, 98: 11539-11544.

Koutsos E A, López J C G, Klasing K C, 2006. Carotenoids from in ovo or dietary sources blunt systemic indices of the inflammatory response in growing chicks (Gallus gallus domesticus) [J]. Journal of Nutrition, 136: 1027-1031.

Le Floc' h N, Melchior D, Obled C, 2004. Modification of protein and amino acid metabolism during inflammation and immune system activation[J]. Livestock Production Science, 87: 37-45.

Li Y C, Ledoux D R, Bermudez A J, et al, 2000a. Effects of moniliformin on performance and immune function of broiler chicks[J]. Poultry Science, 79: 26-32.

Li Y C, Ledoux D R, Bermudez A J, et al, 2000b. The individual and combined effects of fumonisin B_1 and moniliformin on performance and selected immune parameters in turkey poults[J]. Poultry Science, 79: 871-878.

Li J, Li D F, Xing J J, et al, 2006. Effects of ß-glucan extracted from Saccharomyces cerevisiae on growth performance, and immunological and somatotropic responses of pigs challenged with Escherichia coli lipopolysaccharide[J]. Journal of Animal Science, 84: 2374-2381.

Lowry V K, Farnell M B, Ferro P J, et al, 2005. Purified ß-glucan as an abiotic feed additive up-regulates the innate immune response in immature chickens against Salmonella enterica serovar Enteritidis[J]. International Journal of Food Microbiology, 98: 309-318.

Mao X F, Piao X S, Lai C H, et al, 2005. Effects of ß-glucan obtained from the Chinese herb Astragalus membranaceus and lipolysaccharide challenge on performance, immunological, adrenal, and somatotropic responses of weanling pigs[J]. Journal of Animal Science, 83: 2775-2782.

Mikec M, Bidin Z, Valentic' A, et al, 2006. Influence of environment and nutritional stressors on yolk sac utilization, development of chicken gastrointestinal system and its immune status[J]. World' s Poultry Science Journal, 62: 31-40.

Puthpongsiriporn U, Scheideler S E, 2005. Effects of dietary ratios of linoleic to linolenic acid on performance, antibody production, and in vitro lymphocyte proliferation in two strains of leghorn pullet chicks[J]. Poultry Science, 84: 846-857.

Qureshi M A, Brake J, Hamilton P B, et al, 1998a. Dietary exposure of broiler breeders to aflatoxin results in immune dysfunction in progeny chicks[J]. Poultry Science，77：812-819.

Qureshi M A，Hussain I，Heggen C L，1998b. Understanding immunology in disease development and control[J]. Poultry Science，77：1126-1129.

Rebel J M J，van Dam J T P，Zekarias B，et al，2004. Vitamin and trace mineral content in feed of breeders and their progeny：effects of growth，feed conversion and severity of malabsorption syndrome of broilers[J]. British Poultry Science，45：201-209.

Sakai Y，Tsukahara T，Bukawa W，et al，2006. Cell preparation of Enterococcus faecalis strain EC-12 prevents vancomycin-resistant enterococci colonization in the cecum of newly hatched chicks[J]. Poultry Science，85：273-277.

Streatfield S J，Jilka J M，Hood E E，et al，2001. Plant-based vaccines：unique advantages[J].Vaccine，19：2742-2748.

Tacket C O，Mason H S，Losonsky G，et al，2000. Human immune responses to a novel norwalk virus vaccine delivered in transgenic potatoes[J]. Journal of Infectious Diseases，182：302-305.

Tacket C O，Pasetti M F，Edelman R，et al，2004. Immunogenicity of recombinant LT-B delivered orally to humans in transgenic corn[J]. Vaccine，22：4385-4389.

Takeda K，Kaisho T，Akira S，2003. Toll-like receptors[J]. Annual Review of Immunology，21：335-376.

Yu J，Langrióge H R，2001. A plant-based multicomponent vaccine protects mice from enteric diseases[J]. Nature Biotechnology，19：548-552.

Yun C-H，Estrada A，van Kessel A，et al，1997. β- (1-3，1-4) oat glucan enhances resistance to Eimeria vermiformis infection in immunosuppressed mice[J]. International Journal for Parasitology，27：329-337.

饲料与宿主动物的相互作用（3）：
调理氧化应激与疾病

饲料在动物生理中有许多重要作用，其中之一就是各种饲料成分通过一系列的氧化反应为动物提供代谢能。因此，所有的动物都需要氧气用于在细胞线粒体中进行能量的有效生产。然而，氧气也是一种有毒的、诱导有机体突变的气体，并且细胞成分的过氧化会导致一系列的非传染性疾病，也可能使各种传染性疾病加重。动物只能在氧气存在的情况下才能存活，因为动物已经发展了各种抗氧化防御机制，而饲料就是一个重要的抗氧化剂来源。因此，饲料与宿主相互作用的第三方面就是调理氧化应激和各种疾病，包括：①维护胃肠道完整性；②支持免疫系统；③调理氧化应激和疾病。

动物在正常的养分代谢和呼吸过程中，线粒体中的氧气逐步还原产生水和ATP。然而，这一过程中氧气的不完全还原导致具有强大氧化特性的化学物质形成，如众所周知的ROS，动物体内的细胞基础代谢会不断地产生ROS。

维护机体良好的血管紧张性需要合成活性氮（reactive nitrogen species，RNS）和NO。NO是哺乳动物血液中一种常见的组分，由精氨酸在一氧化氮合成酶的作用下产生（Rhodes等，1995）。它可能会与其他ROS反应产生更具活性的成分，如亚硝酸盐，这甚至在健康动物体内也会发生。因此，在正常的代谢活动中也存在过量的ROS和RNS。

动物机体内抗氧化剂和氧化剂之间需要一种微妙的平衡。在正常的生理条件下这些ROS通过包括酶和抗氧剂在内的各种抗氧化防御机制来控制。比如，超氧化物歧化酶先把超氧化物自由基转化为H_2O_2，过氧化氢酶再分解H_2O_2，谷胱甘肽过氧化物酶分解过氧化物。值得注意的是这些都源于细胞膜磷脂的氧化。这些ROS也可以受谷胱甘肽、维生素E、维生素C和胡萝卜素等内源抗氧化剂的作用而失效。

由于ROS对细菌是有害的，因此为防御反应的一部分，被感染动物也会产生大量的ROS。在机体特定感染部位的巨噬细胞和中性粒细胞等免疫细胞中也存在局部的ROS增加。在NADH氧化酶的作用下，这些释放的ROS，如超氧化物阴离子（O_2^-），会导致随后产生过氧化氢（H_2O_2）、羟基（$OH^·$）和次氯酸（HOCl）等其他ROS。这些ROS也有可能破坏宿主细胞，通过蛋白质和氨基酸氧化、脂质过氧化，以及DNA损伤等几种不同的机制，具有细胞毒性。脂质氧化损伤导致硫醇基（thiol group）氧化，进而可能会改变细胞膜的通透性。脂质氧化产生的丙二醛和4-羟基-2-壬烯醛等醛类产物可能引起蛋白质变性。也有很多的证据表明，霉菌毒素可能是一个引起氧化应激的重要应激因素（Surai和Dvorska，2005）。霉菌毒素通过增加自由基的产生可以刺激脂质过氧化，也可以干扰细胞的抗氧化剂防御体系。

氧化应激是生物体内生物学损害的一种重要机制，当ROS积聚并打破机体内源抗氧化保护机制时就会产生氧化应激（Fellenberg和Speisky，2006）。脂质过氧化已经作为肾脏细胞癌症发展的主要机制路径被提出（Gago-Dominguez和Castelao，2006）。脂质氧化和最后发生的氧化应激可能是造成人和动物出现疾病综合征极其广泛的原因，如我们所熟知的非传染性疾病、生理疾病或代谢疾病。一般来说，这些疾病都与日粮有关，因此营养在控制和减轻这些疾病中发挥着重要的作用。

胃肠道黏膜不断地暴露于多种来自摄入食物材料的氧化前体物。另外，由于不饱和脂质与血红蛋白或非血红蛋白铁发生接触反应，因此含脂食物的咀嚼和在胃肠液中的消化可能引起脂质过氧化。日粮中的铁相当一部分不能被胃肠道吸收，如前面讨论所提及的这可能会促进细菌感染（见第三章），也可能与结肠微生物区系结合通过芬顿型反应（Fenton-Type Reaction）产生羟基自由基有关。作为一种螯合剂，植酸及其水解产物可对铁诱导脂质过氧化起到一种保护作用（Miyamoto等，2000）。这就提出了关于动物饲料中添加外源植酸酶的作用问题，一般在动物饲料中添加外源植酸酶是为了水解植酸，释放可利用磷。植酸也可能作为一种天然的抗氧化剂而发挥重要的作用。因此在饲料中添加外源植酸酶可能需要进一步考虑饲料中抗氧化剂的水平。例如，天然抗氧化剂槲皮素可保护大白鼠肠黏膜组织免受铁诱导的脂质过氧化（Murota等，2004），因此选择其他的抗氧化系统也是可行的。这也说明饲料中类似槲皮素的抗氧化活性物质在阻止胃肠道氧化损伤方面可能发挥了积极作用。

营养对机体中的促氧化剂和抗氧化剂平衡具有主要影响，饲料中含有许多的潜在的抗氧化活性物质。这些活性物质包括维生素C、维生素E、硒和锌；以及其他饲料成分，如类胡萝卜素、花青素和合成抗氧化剂，BHA、BHT和没食子酸丙酯。通过日粮摄入适量的抗氧化剂对维持组织抗氧剂水平和避免氧化应激是很重要的。

类胡萝卜素是强抗氧化剂，能够通过淬灭单线态氧和清除自由基来阻止脂质过氧化。作为类胡萝卜素的一种，番茄红素是更有效的单线态氧淬灭剂和自由基清除剂（Shixian等，2005）。另外一种日粮常见的类胡萝卜素叶黄素也具有显著的抗氧化活性。越来越多的证据显示，类胡萝卜素与日粮中其他抗氧化剂，如维生素E和多酚类具有协同作用。这再次表明多种营养活性物质在基于健康营养学中是很重要的。

证据显示许多植物来源的物质和成分具有抗氧化活性。动物饲料通常也主要是基于植物来源的原材料，因此应确保饲料中的抗氧化剂水平是足够的。实际问题是能避免发病和维持健康所需的抗氧化剂水平尚未确定下来，因此就NbH而言，我们还无法根据任何特定数量的抗氧化剂活性数量配制日粮。

一、氧化应激与动物健康

在过去的很多年，动物育种计划取得了很大的成功，致使具有快速生长率和高瘦肉沉积率同时具备高繁殖性能的猪、禽基因型得以采用。然而，也有大量的健康问题与这些新的基因型有关。其中之一就是断奶仔猪和母猪的高死亡率。对于很多商业猪群，主要担心的是母猪利用年限问题。断奶仔猪和母猪的抗氧化能力最低时常常伴随猝死的发生（Mahan，2005）。

与饲喂淀粉型日粮相比，饲喂高水平亚麻籽油的猪更易发生氧化应激，导致血浆中丙二醛水平升高，单核血细胞中DNA损害增加（Pajk等，

2006）。在高亚油酸日粮中，添加苹果、草莓或西红柿可显著降低由亚油酸带来的氧化应激。当人们认识到这些水果中含有较高水平的天然抗氧化剂时，人们对通过在动物饲料中添加亚油酸的方式来提高肉中 ω-3 脂肪酸数量的兴趣有增无减。可是要注意饲料中要有好的抗氧化剂保护以避免动物的氧化应激。

与饲喂新鲜的油脂（2.5mmol/kg）相比，给育成期、怀孕期和泌乳期的雌性大鼠饲喂含高水平过氧化物（377mmol/kg）的氧化油脂，对胎儿、哺乳幼崽的发育及其抗氧化状态和脂质代谢有影响（Brandsch 和 Eder，2004）。饲喂氧化油脂母鼠的哺乳期幼崽的生长明显慢于饲喂新鲜油脂母鼠的幼崽（图7-1）。

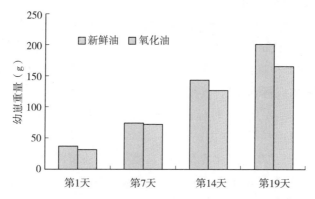

图7-1　在哺乳期间供应新鲜油或氧化油的大鼠幼崽的体增重

给母鼠饲喂氧化油脂时，其乳汁中的能量含量低于饲喂新鲜油脂母鼠乳汁中的能量（5MJ/kg 与 7.95MJ/kg 相比），同时甘油三酯的含量也低（97mmol/kg 与204mmol/kg相比）。氧化应激降低乳的品质可能对于哺乳动物的饲养具有重要的意义。

大鼠对氧化油脂的摄食也会引起神经毒性，表现为异食癖，喜食高岭土等非食物材料的行为，这与动物的不适程度有关（Gotoh 等，2006）。与对照组相比，饲喂过氧化物值（peroxide value，PV）至少138.5meq/kg油脂的大鼠明显摄食更多的高岭土。优质油脂的过氧化物值PV在5.0meq/kg左右。另外摄食含 PV 至少107.2meq/kg油脂的大鼠的运动能力与对照组相比显著降低。这些结果表明，至少含100meq/kg PV的氧化油脂会引起大鼠的神经毒性。

有一些证据表明，黄曲霉毒素引起的损伤也是一种形式的氧化应激，它是由于肝脏中脂质过氧化的刺激产生的（Rizzo 等，1994）。这也许可以解释 BHA 等抗氧化剂在缓解霉菌毒素不利影响中所见的有益效果的原因（Monroe 等，1986）。

在鸡胚内存在大量不饱和脂肪酸的代谢，这些代谢容易产生自然氧化和随后的氧化应激。在孵化过程中，雏鸡突然暴露于大气的氧气中，代谢率会急剧增加。1 日龄雏鸡的脑中含有非常丰富的长链多不饱和脂肪酸（C_{20} 和 C_{22}），肝脏中也含有高浓度的不饱和脂肪酸（Surai，1996）。蛋黄中的叶黄素和生育酚作为抗氧化剂很有可能在雏鸡孵化阶段降低氧化应激中发挥重要作用。现代蛋鸡场所产的蛋中叶黄素的含量通常比较低，因此从动物健康的角度出发可能需要考虑饲料中叶黄素的水平。

给种母鸡饲喂最高达 160mg/kg 维生素 E 的高水平抗氧化剂有可能会影响雏鸡的氧化状态（Lin 等，2005）。与饲喂低水平维生素 E 的种母鸡相比，饲喂高水平维生素 E 种鸡日粮的母鸡，其雏鸡肝脏和脑中含有较低水平的丙二醛（一种脂质过氧化的标志物），以及较高水平的抗氧化酶、肝脏过氧化氢酶、超氧化物歧化酶。结果表明，种母鸡饲料中添加 120~160mg/kg 的高水平维生素 E，可提高其雏鸡的抗氧化能力，降低其雏鸡的氧化应激。

在关键时期避免牛的氧化应激是非常重要的，如奶牛的围产期，犊牛和肉牛的适应期、转群期和运输期（Bernabucci 等，2005）。暴露于外源性化学物质，如饲料中的黄曲霉毒素、棉酚或氧化油脂等也可能损害动物的防御系统。

围产期奶牛机体内总抗氧化能力处于应激状态（Bernabucci 等，2005）。奶牛血浆中 β-羟基丁酸和非酯化脂肪酸水平表明有高水平的 ROS 和硫代巴比妥反应物，以及低水平的抗氧化剂。围产期奶牛由于能量负平衡和血液中许多抗氧化营养因子浓度降低而遭受氧化应激。由于牛奶合成需要大量的氧气，因此使乳腺中的 ROS 生产增加，转而使乳腺感染或乳房炎的发病率增加。

二、主要的非传染性疾病

（一）高血压和血管紧张素转换酶抑制剂

血管紧张素转换酶（angiotensin converting-enzyme，ACE）抑制剂调控几

个影响血压的系统，因此其对于健康是非常重要的。血管紧张素转换酶把血管紧张素 I 转化为血管紧张素 II（一种强大的血管收缩剂）。它也可使血管舒缓激肽水解和失活，血管舒缓激肽是一种强大的血管扩张剂。因此，ACE的过度活动会导致血管收缩率增加，进而发展为高血压，增加心脏和肾脏疾病发生的风险。

ACE抑制剂被认为是应对高血压、动脉粥样硬化的一线疗法，现在已有许多合成的ACE抑制剂应用于人类医学来减少高血压的发生。然而也有报道称很多食物来源蛋白质通过酶水解可形成ACE抑制剂，这些包括牛奶、鸡蛋和鱼肉蛋白中的胶质和酪蛋白。模仿肠道对卵清蛋白的消化产生的几种活性ACE抑制剂，对先天性高血压鼠具有降压活性（Miguel 等，2006）。大豆的主要储存蛋白，即大豆球蛋白的酶水解也能产生效力很大的ACE抑制剂（Malikarjun Gouda 等，2006）。另外，大豆来源的ACE抑制剂是一个由缬氨酸-亮氨酸-异亮氨酸-缬氨酸-脯氨酸组成的小五肽，可抵抗胃肠道蛋白酶的消化。因此，如果未消化完的蛋白质残基可作为ACE抑制剂来控制血压，大豆蛋白可能又增加了一个用于保健的用途。

调查发现，大量的人类食物都表现出一些ACE抑制活性（Acris-Gorette 等，2006）。ACE的抑制与食物中的酚类和黄烷醇化合物有关。这些营养活性物质由于具有抗氧化活性而被人们熟悉，它们也可能在调节血压上发挥另一个重要健康作用。现已明确，许多普通食物组成可能具有ACE抑制活性，极有可能通过精心设计和配制的日粮对于避免出现与高血压相关的问题是很重要的。

（二）腹水

腹水是肉鸡一种非传染性疾病，也是造成经济损失的主要原因。症状是右心室肥大、心脏软垂、腹腔积液。这一综合征是心肺功能不足引起的氧气供需的基本问题。腹水是由受环境、营养和遗传因素影响的一个多因子问题。

很多学者对肉鸡腹水与维生素E之间的关系已经有相当大的兴趣。研究表明，腹水肉鸡肺线粒体运转失常与氧化应激有关，高水平维生素E日粮可缓解症状（表7-1）（Iqbal 等，2001）。给腹水的肉鸡饲喂维生素E可以改善体重、肺重和肺线粒体蛋白含量。

表7-1　肉鸡的体重、肺重量和肺内线粒体蛋白

参　　数	处　　理			
	对照组	腹水组	维生素E（无腹水）组	维生素E（有腹水）组
体重（kg）	2.49	1.95	2.16	2.30
肺重（g）	15.1	12.0	13.5	13.5
肺线粒体蛋白（mg/mL）	12.4	9.4	13.2	13.0

注：*每千克饲料添加100 IU维生素E。

辅酶Q_{10}是线粒体呼吸链的一个组成部分，日粮添加辅酶Q_{10}可有效降低肉鸡腹水的死亡率（Geng等，2004）。

现有的结论是肉鸡腹水与氧化应激有关，证据显示是由于肺线粒体功能失调所致。日粮中添加高水平的维生素E可在某种程度上缓解腹水症。

（三）乳房炎（乳房感染）

乳房炎是对奶牛业经济效益有重大影响的疾病，它兼具传染性疾病和非传染性疾病的要素，总体来说是乳腺细菌感染后的一种炎性反应。感染后，巨噬细胞和嗜中性粒细胞等免疫细胞从血液向感染区域局部大量集结。这些嗜中性粒细胞和中性粒细胞的主要功能是吞噬病原体并释放ROS消灭入侵的细菌。然而，ROS产生可能会压倒内源抗氧化防御系统，增加炎症反应，引起大量组织损伤。日粮补饲外源的抗氧化剂可能促进奶牛乳房炎的恢复，保护分泌上皮细胞。

一种研究乳房炎的模型系统是采用体外培养牛乳腺上皮细胞和嗜中性粒细胞（Lauzon等，2005）。当上皮细胞和活性嗜中性粒细胞一同培养时，嗜中性粒细胞会引起上皮细胞的严重损伤。当向细胞培养中分别添加25μmol/L和50μmol/L抗氧化剂——儿茶酚时，作为细胞毒性指标的乳酸脱氢酶的释放分别减少了77%和100%。谷胱甘肽乙酯被细胞快速摄入，然后水解还原为谷胱甘肽，也大大地降低了细胞毒性。这些观察数据强有力地表明对于乳房炎等各种炎症性疾病，儿茶酚等抗氧化剂可能是一种很有价值的疗法。然而在后来的体内试验工作中，对于大肠杆菌脂多糖引起的乳房炎，灌注儿茶酚或谷胱甘肽

乙酯等抗氧化剂并没有表现任何保护作用（Lauzon等，2006）。灌注铁螯合剂去铁胺可降低乳酸脱氢酶，这表明对于嗜中性粒细胞积累产生的损伤，去铁胺产生了保护作用。在乳房炎治疗过程中使用抗氧化剂和铁螯合剂无疑是值得进一步研究的，因为这些抗氧化剂可减少乳腺炎症反应造成的损伤。维持奶牛日粮中高水平的抗氧化剂是否有助于避免乳房炎感染也是值得研究确定的。

控制乳房炎的另一种方法就是通过乳腺灌注各种抗生素，然而通过抗生素治疗获得的治愈率通常很低。此外，在乳房炎治疗方案中使用抗生素也会引起牛奶抗生素污染的风险，这显然是我们不想要的。中链脂肪酸和辛酸是牛奶和椰子油中天然存在的成分，研究表明其具有很强的抗菌作用，可抵抗多种引起乳房炎的病原微生物，如无乳链球菌、停乳链球菌和乳房链球菌等（Nair等，2005）。这表明，应用辛酸等营养活性物质有可能替代抗生素通过乳腺灌注的方式治疗乳房炎。

（四）胎衣不下

抗氧化剂状态耗竭是这一疾病的首要条件之一。奶牛胎衣不下会导致子宫内膜炎，继而卵巢周期延迟，继而延迟妊娠，导致一系列严重的经济损失。

大量的证据表明，与非胎衣不下的动物相比，患胎衣不下的动物氧化应激增强。12h以内胎衣脱落的奶牛比患胎衣不下的奶牛血浆抗氧化剂状态要高（Miller等，1993）。血液中α-生育酚和谷胱甘肽过氧化物酶等抗氧化剂水平低的奶牛比高的奶牛胎衣不下的发病率更高（Campbell和Miller，1998）。

维生素A和β-胡萝卜素也具有抗氧化剂功能，它们可能在防治胎衣不下中扮演重要角色。研究发现，补饲维生素A和β-胡萝卜素的奶牛胎衣不下发病率要比对照组奶牛低（表7-2）（Michal等，1994）。每天饲喂600mg的β-胡萝卜素的奶牛胎衣不下发病率最低。每天补饲低水平300mgβ-胡萝卜素或120 000 IU维生素A也显著降低发生胎衣不下的概率。补饲300mgβ-胡萝卜素或600mgβ-胡萝卜素的奶牛子宫炎的发病率也显著降低，并与胎衣不下的发病率呈正相关关系。但是补饲维生素A对子宫炎的治疗没有影响。

看来胎衣适时脱落可能需要摄入足够的维生素A和β-胡萝卜素。高产奶牛对抗氧化剂的需要量可能比一般认为的要高，控制ROS产生所需的抗氧化剂进食量可能超过饲料正常供给量。这是另一个例证说明饲料中的营养活性物质水平应根据维护健康、防病，以及通常的生长和生产水平来确定。

表7-2　补饲 β-胡萝卜素和维生素A对奶牛胎衣不下和子宫炎发生率的影响

处　理	胎衣不下（%）	子宫炎（%）
对照组	41	18
β-胡萝卜素（300mg/d）	33	7
β-胡萝卜素（600mg/d）	25	8
维生素A（120000IU/d）	31	15

（五）肺脏问题

就氧化应激而言，肺脏是一个特别的组织，因为相对于其他器官，肺脏直接暴露于更高的氧张力之下。肺病的一个典型特征就是发炎和产生活性氧族的炎性细胞激活。在氧化应激状态下，如果肺脏暴露于高水平的ROS之下，可能对肺脏健康造成极有害的影响。

肺脏通过抗氧化剂酶系统和小抗氧化剂分子保护来抵抗氧化应激，其中参与肺脏抗氧化剂防御的最重要的酶之一就是超氧化物歧化酶（SOD），它可以将超氧自由基转化为危害较小的过氧化氢。我们也知道超氧化物与一氧化氮反应产生RNS，如过氧亚硝基。因此SOD具有调节过氧化物、过氧化氢和RNS水平的多重作用。

日粮中抗氧化剂状态可能在阻止肺脏组织和胃肠道氧化应激的细胞毒性方面也有重要作用。体外培养肺上皮细胞中ROS的产生量表明（表7-3），几种日粮中天然存在的抗氧化剂，包括白藜醇、橄榄叶多酚浓缩物和槲皮素，可降低氧化应激（Zaslaver等，2005）。日粮抗氧化剂在控制和治疗肺脏疾病炎症方面可能具有治疗潜力。

表7-3　用白藜芦醇和橄榄叶多酚浓缩物处理的经细胞因子刺激的肺上皮细胞中ROS的产生量（相对单位）

对照组	经细胞因子刺激的肺上皮细胞	白藜醇处理	橄榄叶多酚浓缩物处理
90	155	60	50

（六）钙的营养状况

钙是一个必需元素，是动物体中含量最丰富的矿物质元素，是骨骼和蛋壳的主要成分，也是牛奶的一个重要组成成分。因此，所有日粮都需要足量的钙，而钙的充足供应对于动物维护健康和避免疾病是非常重要的。

钙吸收后在细胞质中是不能自由移动的（Trewavas，1999）。钙与很多可黏附于细胞骨架和膜表面的蛋白质结合。其他重要的细胞内钙贮存库是内质网、线粒体，也可能有高尔基体。有一些钙在与蛋白质结合之后及被细胞器摄取后残留在细胞质中，被称为"休眠钙"。钙依赖性ATP酶能快速将多余的钙泵入细胞器和细胞内的小泡（vesicle）中以保持细胞质内钙处于较低水平。钙通道把细胞器中的钙贮存库和小泡与细胞质相互连接，并允许钙在细胞质和其他细胞成分间流通。钙也在代谢中扮演重要角色，它对于许多酶活性是至关重要的，包括磷酸酯酶A2、核酸酶和α-淀粉酶。它参与肌肉收缩，在血液凝固中起重要的作用。

然而钙从胃肠道吸收是主要的问题，因为许多钙盐是不可溶的。一个很好的例子就是在胃肠道中由脂肪酸和钙形成的不溶性皂。这对于健康动物不应该是个问题，但当脂类吸收不良时可能导致可利用钙减少。饲料原料中的草酸和植酸都可与钙形成不溶性的复合物，都会抑制钙的吸收。日粮纤维也可以与钙结合，虽然大肠中的微生物发酵可以很好地释放这些钙质，使其再次成为可用形式的钙。

乳糖、胃酸、胆汁酸和活性维生素D_3（1，25-二羟胆钙化醇）等多种化合物可提高小肠对钙的吸收能力。乳糖是牛奶中主要的碳水化合物，它可通过与胃肠道吸收细胞的相互作用增加其对钙的通透性来刺激钙的吸收（Armbrecht和Wasserman，1976）。在胃中许多钙可能与盐酸反应而被转化为一些可溶性的氯化物形态。在小肠中钙可通过与胆汁酸反应来保持可溶性。在动物饲料中，特别是仔猪日粮和蛋鸡日粮中使用有机酸也可能对钙的吸收作用有利。胃肠道中酸的存在应该能够确保钙稳定地被吸收，但这还需要进一步的研究。

似乎很多非消化性的低聚糖对刺激钙吸收有一般性作用（Van Loo等，1999；Schilz-Ahrens和Schrezenmeir，2002）。非消化性低聚糖在大肠中易被细菌发酵，这增加了挥发性脂肪酸和乳酸产生的量，也相应地增加钙在大肠中的溶解性。因此，提高大肠中钙的吸收可能与这些脂肪酸的产生有关。这就引出一个新的概念，因为普遍接受的概念是钙的吸收部位主要发生在小肠。

与饲喂对照组日粮相比，饲喂含低聚半乳糖日粮的小鼠对钙的吸收更有效，钙存留量提高（表7-4）（Chonan和Watanuki，1995）。饲喂低聚半乳糖小鼠的骨灰分重和胫骨钙含量显著高于对照组（Chonan等，1995）。其他非消化性低聚糖，如低聚果糖也提高钙吸收（Morohashi等，1998）。因此这一反应可能是非消化性低聚糖的一般性作用。

表7-4　低聚糖对大鼠表观钙吸收和存留的影响

钙吸收	处　　理		
	对照组	低聚糖（5%）	低聚糖（10%）
吸收（%）	72.0	81.7	86.3
存留（%）	71.9	81.5	86.1

目前，对于各种非消化性低聚糖作为益生元已进行了广泛的研究，但现在一个有趣的想法就是这些物质可能有助于解决钙吸收的难题。饲喂各种非消化性低聚糖可能有益于改善骨钙化和动物骨骼问题。

钙通过对线粒体的影响在氧化应激中扮演中心角色（Crawford等，1998）。氧化应激导致钙从细胞内质网和线粒体贮存库中释放出来。这一钙释放导致细胞质钙水平提升，这与细胞损伤、线粒体通透性转换蛋白的活化、生长受阻和疾病紧密相连。钙也可能会激活核酸，直接使线粒体RNA和DNA降解。众所周知，钙依赖性核酸酶激活是细胞应激的结果。暴露于氧化应激后通常会出现线粒体多核苷酸一般性的钙依赖性降解。这表明氧化应激早期反应是线粒体生物合成的急剧下降。

钙营养对所有的动物都是非常重要的。大量证据表明，钙具有福利效应，对于生长、泌乳及产蛋量等方面的经济性指标有重大影响。日粮钙对能量代谢和肥胖的调节也起关键的作用（Zemel和Miller，2004）。在没有能量摄入限制的前提下，增加日粮钙会表现为日粮能量从脂肪组织向瘦肉组织的分配，结果导致脂肪组织的净减少。这在大鼠和小鼠的试验中都能够观察到。这可能对母猪和种禽的饲养有应用价值，因为饲养这些动物时为了维持最大的生产性率需要限制其增重。

限制肉种鸡的采食量达到自由采食的50%~60%，是一项减少各种非传染性疾病和改善生产性能的有效且实用的管理方法（Chen等，2006）。与限饲相比，如果饲养期间让肉种鸡自由采食，则其性成熟和开始产蛋时间均提前，随后表现为早期产蛋量下降，使其最终生产较少的种蛋。自由采食的肉种鸡也显著地增加体脂肪，最终变得肥胖。有趣的是，现推测在没有极端的饲喂限制条件下，改善钙营养可降低肉种鸡的体重。这会是一个有益的福利性技术措施。

钙需要量的评定是一件不容易的事，最大钙存留量的概念已被用于评定人钙需要量的功能性指标（Cashman 和 Flynn，1999），在动物营养中同样如此。为了实现最大的骨骼强度，发展和维持骨骼中的钙储备是非常重要的，这取决于足够的钙摄入量。最大的钙存留量是骨骼生长达到最大时的钙营养水平，但这一指标在家畜动物中并不能轻易地被测量。但是当钙摄入量超过其最大需求量时钙可以被吸收但并不能存留在骨骼中，而从尿液中排出体外，尿钙是很容易测量的。

（七）骨和关节问题

骨是非常复杂的物质，它由胶原纤维、羟基磷灰石 $[Ca_{10}(PO_4)_6(OH)_2]$ 构成的钙和磷酸盐晶体矿物质成分，以及其他离子和糖蛋白形成的基础物质组成。在骨骼中有两种不同形式的骨：一种是坚质骨（骨密质），另一种是松质骨或骨小梁（骨松质）。坚质骨主要构成股骨和胫骨，而松质骨主要构成椎骨和骨盆。坚质骨主要提供刚性及负责机械功能和保护功能；松质骨提供弹性，比坚质骨更具代谢活性和担负着大约50%的骨骼代谢。

骨是一种活组织，在不断循环进行着由骨细胞和成骨细胞参与的骨形成过程，以及破骨细胞参与的骨的吸收过程。健康成年动物的这些细胞活动通常是耦合的，骨量没有发生明显的净增加或净减少。然而当骨出现疾病，如出现骨质疏松症，骨周转改造明显升高，这些细胞的活动不再耦合。破骨细胞的活动超过成骨细胞占主导地位，骨流失显著增加。

尽管人们对改善动物钙营养进行过很多尝试，但非传染性疾病的一个主要来源与骨结构和骨骼发育问题有关。特别是肉鸡腿病在家禽业中是一个重要的福利和经济问题（Waldensted，2006）。饲养动物快速生长率需要肌肉组织的快速沉积，这通常超过支撑动物的骨骼的能力。表现各种骨关节问题，如猪和牛的跛行，肉鸡的胫骨软骨发育不良和其他腿弱问题，马的肌腱劳损。春季牧场放牧的牛可能发生一种叫营养退行性肌病的疾病。这种疾病的特点是骨骼和心脏问题导致跛行，有时表现为猝死（Walsh等，1993），另外动物的抗氧化状态似乎也很重要。

骨骼对内脏器官，如脑、脊髓、心脏和肺等的保护非常重要。骨骼是肌肉和韧带的附着点，并支持身体的运动。骨骼也是钙、磷和其他矿物质的代谢库。特别是家禽，能发育成一种特定类型的骨——髓质骨，它可以快速的形成和吸收以应对产蛋期对钙的极端需求。鸟类物种的这种髓骨使鸟类储存大量的钙，用以快速满足蛋壳形成对钙的需求。骨也是泌乳期奶牛胎儿发育和乳合成所需钙的一个重要来源。

良好的骨发育需要一定数量的物理活动和良好的营养。人们早已经知道维生素C和维生素D对于骨形成是非常重要的，并且为了避免出现骨和关节问题，动物日粮必须提供充足的维生素C和维生素D。大多数饲料原料中维生素D的含量很低，因此通常在饲料中添加维生素D_3（1，25-二羟基胆钙化醇）。为保证坚质骨的质量，对于14日龄以下的肉鸡其维生素D在饲料中的需要量为35~50 μg/kg（Whitehead等，2004）。这些需要量远远高于之前的估计，可能与现代肉鸡基因型有较高的钙需要量有关。

长期饲喂各种脂质可改变日本鹌鹑成熟骨的灰分含量和胶原交联水平（Liu等，2004）。与饲喂鱼油和氢化大豆油相比，饲喂大豆油或鸡脂肪的鹌鹑其骨矿物质和胶原交联的量显著降低。这可能既与饲喂大豆油和鸡脂肪鹌鹑的前列腺素E_2产量增加有关，又与大豆油和鸡脂肪中发现的较高数量的Ω-6多不饱和脂肪酸有关。

脂氧合酶参与骨骼发育（Klein等，2004）。脂氧合酶促进不饱和脂肪酸氧化，与动脉粥样硬化、哮喘和癌症等很多疾病的发病机制密切相关。然而研究发现，脂氧合酶也可能对骨骼发育有负面影响。使用脂氧合酶的化学抑制剂可改善骨质疏松症模型小鼠的骨密度和骨强度。此外，氧化脂质能抑制成骨细胞的分化和骨的形成。这再次说明动物保持良好的抗氧化状态将会拥有多重健康效益。

乳铁蛋白是牛奶中自然产生的铁结合糖蛋白。许多外分泌腺也产生乳铁蛋白，该蛋白是中性粒细胞的一个重要组成成分。作为一种铁螯合剂，乳铁蛋白也可作为一种抗菌剂来发挥作用，这在第三章中曾讨论过。然而研究表明，乳铁蛋白的生理浓度可刺激骨形成细胞的有丝分裂、分化和存活（Cornish等，2005），也可以减少骨再吸收细胞、破骨细胞的形成。乳铁蛋白在骨骼发育中有一定的生理作用，它可能作为一种潜在的营养活性物质来减轻和避免骨质疏松等骨病的发生，也可能具有局部用药价值用于促进骨修复。

关节和骨问题的病因一般是相当复杂的，受许多不同的因素影响，如遗传、管理、营养、卫生和其他疾病综合征。胃肠道中的细菌、病毒和寄生虫感染会降低养分的吸收，饲料中抗营养因子的存在也可能引起关节和骨问题。

三、氧化应激与传染性疾病

氧化应激也日益与传染性疾病的发病有牵连。在改变科萨基病毒毒性方面已经讨论过（Beck等，1994）（见第三章），但ROS也可能与几种病毒病的发病机理有关（Peterhans，1997）。ROS是病毒感染，如上皮细胞炎症等引起损伤的关键参与者，这已经证明与流行性感冒的发病机理有关（Peterhans等，1987；Hennet等，1992）。研究表明，氧化机制在小鼠流行性感冒的发展中至关重要（Hennet等，1992）。受感冒病毒感染的小鼠，其肺脏和肝脏中的谷胱甘肽、维生素C和维生素E等抗氧化剂的总浓度降低。在感染的初期人们注意到肝脏中抗氧化剂浓度的特定变化。另外，肺脏中产生的ROS可能使蛋白酶抑制剂失活，其可导致感冒病毒的传染性增加。

在另一个研究中发现，当小鼠鼻内感染感冒病毒时，感染的系统性影响是巨大的，5d或6d后会导致死亡（Hayek等，1997）。从感染小鼠肺脏冲洗出的细胞表现出单线态氧产生增加，α-生育酚、抗坏血酸和谷胱甘肽等抗氧化剂浓度降低。感染初期人们也注意到肝脏中的抗氧化剂浓度的变化，这可能降低动物对氧化应激的抵抗能力和加剧ROS的产生。与饲喂对照组日粮的小鼠相比，给成年小鼠补充过量的维生素E（500mg/L，连续6周）降低了肺脏感冒病毒滴度。年幼小鼠反应相对较小，但感染5d后肺脏组织的病毒浓度降低15倍。这些观察表明病毒感染与氧化应激有关，鉴于当前对禽流感的忧虑这可能是非常重要的。真正感兴趣的是要弄清楚日粮抗氧化剂是否达到显著水平以有助于确保动物对该病毒产生抵抗。

新城疫病毒是重要的家禽病原体，研究表明抗氧化剂BHT可降低受该病毒攻击鸡只的死亡率（Brugh，1977）。在家禽日粮中添加BHT似乎可以保护鸡只抵抗新城疫病毒感染（Brugh，1984）。在一项使用纯化的新城疫病毒的研究中，BHT使得传染率降低92%（Winston等，1980）。电镜显示，BHT处理过的病毒颗粒其对颗粒包膜造成了损害，这一实例表明BHT可能有直接抗病毒的作用。

四、结论

正常代谢过程中总是有ROS和RNS的产生。机体内通过一系列抗氧化剂酶和抗氧化分子使ROS和RNS保持在可控范围内。当ROS和RNS积累并超过机体中内源的抗氧化保护机制就会产生氧化应激。这会转而可能导致大范围的非传染性和传染性疾病症状的发展。营养对机体内促氧化/抗氧化的平衡具有很大的影响，饲料中含有大量潜在的抗氧化活性物质。氧化应激对动物健康具有严重影响，会引起DNA损伤增加，影响胎儿发育，诱发神经毒性，增加乳房炎的易感性。有几种非常重要的动物非传染性疾病会受氧化应激的影响，如高血压、腹水、乳房炎、胎衣不下、肺脏问题、钙水平及骨和关节问题等。氧化应激也在一些传染病的发病中扮演重要角色，特别是病毒来源的氧化应激，这里动物的抗氧化状态尤为重要。抗氧化活性物质无疑是NbH策略的重要成分，因为这些活性物质影响与健康相关的很多因素。

（甄玉国　主译）

参考文献

Actis-Goretta L，Ottaviani J I，Frage C G，2006. Inhibition of angiotensin converting enzyme activity by flavanol-rich foods[J].Journal of Agricultural and Food Chemistry，54：229-234.

Armbrecht H J，Wasserman R H，1976. Enhancement of Ca^{++} uptake by lactose in the small intestine[J]. Journal of Nutrition，106：1265-1271.

Baldi A，Pinotti L，Fusi E，2006. Influence of antioxidants on ruminant health-a review[J]. Ruminants，Society of Feed Technologists，April U K.

Beck M A，Kolbeck P C，Rohr L H，et al，1994.Increased virulence of a human enterovirus（coxsackievirus B3）in selenium-deficient mice[J]. Journal of Infectious Diseases，170：351-357.

Bernabucci U，Ronchi B，Lacetera N，et al，2005.Influence of body condition score on the relationships between metabolic status and oxidative stress in periparturient dairy cows[J]. Journal of Dairy Science，88：2017-2026.

Brandsch C，Eder K，2004. Effects of peroxidation products in thermoxidised dietary oil in female rats during rearing，pregnancy and lactation on their reproductive performance and the antioxidative status of their offspring[J]. British Journal of Nutrition，92：267-275.

Brugh M Jr，1977. Butylated hydroxytoluen protects chickens exposed to Newcastle disease virus[J]. Science，197：1291-1292.

Brugh M，1984. Effects of feed additives and feed contaminants on the susceptibility of chickens to viruses[J]. Progress in Clinical and Biological Research，161：229-234.

Campbell M H，Miller J K，1998. Effect of supplemental dietary vitamin E and zinc on reproductive performance of dairy cows and heifers fed excess iron[J]. Journal of Dairy Science，81：2693-2699.

Cashman K D，Flynn A，1999. Optimal nutrition：calcium，magnesium and phosphorus[J]. Proceedings of the Nutrition Society，58：477-487.

Chen S E，McMurty J P，Walzem R L，2006. Overfeeding-induced ovarian dysfunction in broiler breeder hens is associated with lipotoxicity[J]. Poultry Science，85：70-80.

Chonan O，Watanuki M，1995. Effect of galactooligosaccharides on calcium absorption in rats[J].Journal of Nutritional Science and Vitaminology，41：95-104.

Chonan O，Matsumoto K，Watanuki M，1995. Effect of galactooligosaccharides on calcium absorption and preventing bone loss in ovariectomized rats[J]. Bioscience，Biotechnology and Biochemistry，59：236-239.

Crawford D R，Abramova N E，Davies K J A，1998. Oxidative stress causes a general，calcium dependent degradation of mitochondrial polynucleotides[J]. Free Radical Biology and Medicine，25：1106-1111.

Cornish J，Grey A B，Naot D，et al，2005. Lactoferrin and bone：an overview of recent progress[J]. Australian Journal of Dairy Technology，60：53-57.

Fellenberg M A，Speisky H，2006. Antioxidants：their effect on broiler oxidative stress and its meat oxidative stability[J]. World's Poultry Science Journal，62：53-76.

Gago-Dominguez M，Castelao J E，2006. Lipid peroxidation and renal cell carcinoma：further supportive evidence and new mechanistic insights[J]. Free Radical Biology and

Medicine, 40: 721-733.

Geng A L, Guo Y M, Yang Y, 2004. Reduction of ascites mortality in broilers by coenzyme Q_{10}[J]. Poultry Science, 83: 1587-1593.

Gotoh N, Watanabe H, Osato R, et al, 2006. Novel approach on the risk assessment of oxidized fats and oils for perspectives of food safety and quality. I. Oxidized fats and oils induces neurotoxicity relating pica behavior and hypoactivity[J]. Food and Chemical Toxicology, 44: 493-498.

Hayek M G, Taylor S F, Bender B S, et al, 1997. Vitamin E supplementation decreases lung virus titers in mice infected with influenza[J]. Journal of Infectious Diseases, 176: 273-276.

Hennet T, Peterhans E, Stocker R, 1992. Alterations in antioxidant defences in lungs and liver of mice infected with influenza A virus[J]. Journal of General Virology, 73: 39-46.

Iqbal M, Cawthon D, Wideman Jr R F, et al, 2001.Lung mitochondrial dysfunction in pulmonary hypertension syndrome. II . Oxidative stress and inability to improve function with repeated additions of adenosine diphosphate[J]. Poultry Science, 80: 656-665.

Klein R F, Allard J, Avnur Z, et al, 2004. Regulation of bone mass in mice by the lipoxygenase gene Alox15[J]. Science, 303: 229-232.

Lauzon K, Zhao X, Bouetard A, et al, 2005. Antioxidants to prevent bovine neutrophil-induced mammary epithelial cell damage[J]. Journal of Dairy Science, 88: 4295-4303.

Lauzon K, Zhao X, Lacasse P, 2006. Deferoxamine reduces tissue damage during endotoxin-induced mastitis in dairy cows[J]. Journal of Dairy Science, 89: 3846-3857.

Lin Y F, Tsai H L, Lee Y C, et al, 2005. Maternal vitamin E supplementation affects the antioxidant capability and oxidative stress of hatching eggs[J]. Journal of Nutrition, 135: 2457-2461.

Liu D, Veit H P, Denbow D M, 2004. Effects of long-term dietary lipids on mature bone mineral content, collagen, crosslinks and prostaglandin E_2 production in Japanese quail[J]. Poultry Science, 83: 1876-1883.

Mahan D, 2005. Feeding the sow and piglet to achieve maximum antioxidant and immunity protection[M]. Nottingham UK: Nottingham University Press.

Mallikarjun G K G, Gowda L R, Appu R A G, et al, 2006. Angiotensin I-converting enzyme inhibitory peptide derived from glycinin, the 11S globulin of soybean (Glycine max）[J]. Journal of Agricultural and Food Chemistry，54：4568-4573.

Michal J J，Heirman L R，Wong T S，et al，1994. Modulatory effects of dietary ß-carotene on blood and mammary leukocyte function in peripartum dairy cows[J]. Journal of Dairy Science，77：1408-1421.

Miguel M，Aleixandre M M，Ramos M，et al，2006. Effect of simulated gastrointestinal digestion on the antihypertensive properties of ACE-inhibitory peptides derived from ovalbumin[J]. Journal of Agricultural and Food Chemistry，54：726-731.

Miller J K，Brzezinska-Slebodzinska E，Madsen F C，1993.Oxidative stress，antioxidants，and animal function[J]. Journal of Diary Science，76：2812-2823.

Miyamoto S，Kuwata G，Imai M，et al，2000. Protective effect of phytic acid hydrolysis products on iron-induced lipid peroxidation of liposomal membranes[J]. Lipids，35：1411-1413.

Monroe D H，Holeski C J，Eaton D L，1986. Effects of single-dose and repeated-dose pre-treatment with 2（3）-tert-butyl-4-hydroxyanisole（BHA）on the hepatobiliary disposition and covalent binding to DNA of aflatoxin B_1 in the rat[J]. Food and Chemical Toxicology，24：1273-1281.

Morohashi T，Sano T，Ohta A，et al，1998. True calcium absorption in the intestine is enhanced by fructooligosaccharide feeding in rats[J]. Journal of Nutrition，128：1815-1818.

Murota K，Mitsukuni Y，Ichikawa M，et al，2004. Quercetin-4'-glucoside is more potent than quercetin-3-glucoside in protection of rat intestinal mucosa homogenates against iron-induced lipid peroxidation[J]. Journal of Agricultural and Food Chemistry，52：1907-1912.

Nair M K M，Joy J，Vasudevan P，et al，2005. Antibacterial effect of caprylic acid and monocaprylin on major bacterial mastitis pathogens[J]. Journal of Dairy Science，88：3488-3495.

Pajk T，Rezar V，Levart A，et al，2006. Efficiency of apples，strawberries，and tomatoes for reduction of oxidative stress in pigs as a model for humans[J]. Nutrition，22：376-384.

Peterhans E，Grob M，Bürge T，et al，1987. Virus-induced formation of reactive oxygen intermediates in phagocytic cells[J]. Free Radical Research Communications，3：39-46.

Peterhans E，1997. Oxidants and antioxidants in viral diseases：Disease mechanisms and metabolic regulation[J]. Journal of Nutrition，127：962S-965S.

Rhodes P M，Leone A M，Francis P L，et al，1995. The L-arginine：nitric oxide pathway is the major source of plasma nitrite in fasted humans[J]. Biochemical and Biophysical Research Communications, 209: 590-596.

Rizzo R F, Atroshi F, Ahotupa M, et al, 1994 Protective effect of antioxidants against free radical-mediated lipid peroxidation induced by DON or T-2 toxin[J]. Journal of Veterinary Medicine, A 41: 81-90.

Scholz-Ahrens K E, Schrezenmeir J, 2002. Inulin, oligofructose and mineral metabolism-experimental data and mechanism[J].British Journal of Nutrition, 87, Suppl. 2: S179-S186.

Shixian Q, Dai Y, Kakuda Y, et al, 2005. Synergistic anti-oxidative effects of lycopene with other bioactive compounds[J]. Food Reviews International, 21: 295-311.

Surai P F, Noble R C, Speake B K, 1996. Tissue-specific differences in antioxidant distribution and susceptibility to lipid peroxidation during development of the chick embryo[J]. Biochimica et Biophysica Acta, 1304: 1-10.

Surai P F, Dvorska J E, 2005. Effects of mycotoxins on antioxidant status and immunity[M]. In: The Mycotoxin Blue Book. Nottingham, UK: Nottingham University Press.

Trewavas A, 1999. Le calcium, c'est la vie: calcium makes waves[J]. Plant Physiology, 120: 1-6.

Van Loo J, Cummings J, Delzenne N, et al, 1999. Functional food properties of non-digestible oligosaccharides: a consensus report from the ENDO project (DGX11 AIR11-CT94-1095) [J]. British Journal of Nutrition, 81: 121-132.

Waldenstedt L, 2006. Nutritional factors of importance for optimal leg health in broilers: A review[J]. Animal Feed Science and Technology, 126: 291-307.

Walsh D M, Kennedy S, Blanchflower W J, et al, 1993. Vitamin E and selenium deficiencies increase indices of lipid peroxidation in muscle tissue of ruminant calves[J]. International Journal of Vitamin and Nutritional Research, 63: 188-194.

Whitehead C C, McCormak H A, McTier L, et al, 2004. High vitamin D_3 requirements in broilers for bone quality and prevention of tibial dyschondroplasia and interactions with dietary calcium, available phosphorus and Vitamin A[J]. British Poultry Science, 45: 425-436.

Winston V D, Bolen J B, Consigli R A, 1980. Effect of butylated hydroxytoluene on Newcastle disease virus[J]. American Journal of Veterinary Research, 41: 391-394.

Zaslaver M，Offer S，Kerem Z，et al，2005. Natural compounds derived from foods modulate nitric oxide production and oxidative status in epithelial lung cells[J]. Journal of Agricultural and Food Chemistry，53：9934-9939.

Zemel M B，Miller S L，2004. Dietary calcium and dairy modification of adiposity and obesity risk[J]. Nutrition Reviews，62：125-131.

第八章 CHAPTER 8

采食量与健康评估

在健康营养学策略中，营养物质和营养活性物质的恰当摄入量是非常重要的。无论是畜禽生产实践还是科学研究，结合动物采食量对其整个生产阶段内机体健康状态进行测定，并定期评估和检测都显得至关重要，可以确认是否对动物采用了适当的健康营养学策略。然而，在大多数情况下，动物生产中的采食量可以通过定期的测定来实现，而机体健康的测量或评估则显得非常复杂，并且缺少现成的定期评估体系。

在科学术语中，"健康"这个词本身是很难准确定义的，因为它通常意味着一种良好的状态。作为"疾病"的反义词，健康也经常被定义为"没有疾病"，但是即便如此，也同样难以衡量。健康和疾病都可以归因于基因的表达，以及对于病原体和环境的代谢应答反应，且这一过程大多受到日粮中营养物质和营养活性物质的影响。在营养物质及营养活性物质的干预下，畜禽机体对外界环境应激的反应最终会表现为是否患病或是否健康。尽管客观地衡量机体是否健康极其困难，特别是当动物处于缺乏明显疾病症状时更困难。但是现代动物营养在畜牧业发展过程中追求的根本目标就是机体健康和高效。

一、采食量

在动物营养学中，采食量是一个非常重要的参数。在动物生产中，饲料投入通常占养殖成本的70%，为了达到最大的生产力确保动物摄取足量的高质量饲料是非常重要的。相反，动物采食量的下降通常意味着动物可能存在健康问题，其中，导致动物生产性能降低的亚临床感染或更为严重的疾病感染过程大多伴随着动物采食量的下降。

一般来说，最能直接反映动物对饲料中营养物质及营养活性物质摄入量的指标就是动物的生产性能，包括体增重、胸肉产量、产蛋量、产奶量或饲料转化率等人们关心的经济性状。很明显这些指标同样取决于动物良好的健康状态。因此，养殖效益不应只考虑营养需求而更应关注营养效应（Gous，2006）。真正需要了解的是动物在采食饲料中的营养物质和营养活性物质的生产反应量效关系。因此，动物的健康标准要重点考虑畜禽群体的均匀性和死亡率。

虽然病原感染导致动物采食量下降的机制还不明确，但很大程度上归因于对食欲的影响，也可能与机体为对抗病原菌感染而产生的各种细胞因子有关。用来预测病原菌感染时的饲料摄入量的模型已经建立（Sandberg等，2006）。该模型采用了相对采食量的概念，即：动物被病原菌感染时的采食量（kg/d）除以相同环境条件下动物未受到病原体感染时的采食量。因此，饲料采食量的变化可以作为评估动物健康最有用的参数之一。

饲料采食量与早期的健康营养策略：动物在胎儿期和新生儿阶段所处的环境与之后生长过程中非传染性疾病的发生率密切相关（Langley-Evans，2006）。其中，妊娠期及新生儿阶段的营养水平对动物之后的发育和健康状况有很大的影响。这种早期生活史诱发之后生长过程中的永久性变化被称为营养或代谢编程（Lucas，1991）。它包括了早期的刺激或损害对组织结构和功能产生长期性改变的过程。这种编程过程是组织在发育过程中适应早期环境的内在能力，动物在出生前的短时间内，这种能力是几乎所有器官的所有细胞都具有的。

这个概念被称为"疾病与健康的发育起源假说"（Langley-Evans，2006）。

这一概念最初是为了解释胎儿和婴儿的生长模式与人类主要疾病之间的联系，而在动物试验研究中这一假设可得到强有力的验证。

营养编程在不同物种，如大鼠、小鼠、豚鼠、绵羊和猪中得到了广泛的研究。其中，胎儿暴露于任何营养不良条件下都会导致血压的升高这一现象得到了持续的关注与验证。对绵羊等大型动物的研究进一步表明，心血管功能的营养编程过程存在于所有动物中。这些研究证明，妊娠期与泌乳期营养物质供给的数量和质量对新生儿组织发育和功能有重大的影响，进而影响动物对疾病易感性或改善动物的健康状态（Langley-Evans，2004）。无疑，母体和新生儿的营养对动物日后的健康和成长会产生巨大的影响，这在NbH调控策略中也极其重要。

二、营养需要量

最适营养供给是为了实现饲养动物的最优生长与健康。然而，给动物提供足量并恰当的饲料是很难被定义的。日粮供给量推荐值通常是基于营养物质摄入量而不是饲料采食量，并且影响饲料总体营养价值的因素有很多。另外，采食饲料的同时会摄入多种很少被考虑到的营养活性物质。同时，环境条件、生理状态和遗传起源也会影响动物对营养的需要和饲料的有效利用率。

营养科学在20世纪取得了巨大进展。在21世纪早期，动物体生长所需的必需营养物质已经是已知的，包括维生素、脂肪酸、氨基酸等。对维持动物良好生长的各种营养物质的种类和需要量也确定得相当完善。不同饲料中各种营养物质的有效含量和饲料生产过程对这些营养物质的影响也被全面研究。但饲料的生物利用率，以及营养物质之间、营养物质与营养活性物质之间的相互作用仍有待进一步的研究。大量营养研究工作的开展推动了动物营养标准的建立，而这些营养标准仅仅是基于避免缺乏症的各种营养物质的最低需求量。

在目前的营养研究中，营养物质和营养活性物质在疾病防御和促进健康方面的新功能和新作用被不断挖掘。虽然对饲料功能和饲料需要量的研究越来越多，但是适用于生长和体重维持的营养需要是否也适用于疾病防御、免疫系统的发育、健康维持和动物福利仍不清楚。

由于认识到有些饲料成分或许比预防明显的缺乏症的需要量更多，因此必须重新考虑营养物质水平的概念。现有各种动物营养需要量的建立是基于不同动物避免营养物质缺乏症和保证生长及生产力的基础上。除了上面提到过的缺乏症预防外，营养需要量还没有以健康维持或疾病防御为基础来确立。而且营养需要量的建立仅仅包括了基本的必需的营养物质，更多有益营养活性物质的需要量却知之甚少，如有机酸、抗氧化物、酶和类胡萝卜素。事实上，更应该制定各种营养活性物质在动物饲料中的实际包含量的相应标准，而不单取决于科学研究结果。

如图8-1所示，任何饲料成分的过高或过低都会对动物产生不良影响，表明任何饲料成分和动物反应二者间存在相当复杂的量效关系（DeMeulenaar，2006）。一种必需营养物质的摄入量过低，就会出现相应的缺乏症状，营养物质摄入适中时则动物不会有不良反应。而摄入量过高时会出现副作用，这可能是因为单一营养物质高剂量时的毒副作用或是整体日粮营养不平衡。更重要的是，图8-1中所描述的关系在短期或急性营养摄入研究中是很容易观察到的。

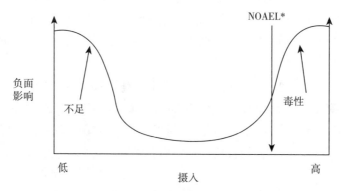

图8-1　一般性的饲料成分、营养物质和营养活性物质的急性剂量反应

注：＊无可见有害作用水平。

营养活性物质的概念指出了其与营养物质的区别，二者可以根据其重要性和添加水平大小的差异为依据作出区分。营养活性物质很少出现如图8-1中所示的量效反应，因为一般不会出现营养活性物质的急性缺乏症。然而，多种营养活性物质的缺乏会对动物健康产生不利影响，并可能产生不容易被察觉的

慢性缺乏症。比如，雏鸡缺乏叶黄素属类胡萝卜素后，系统性炎症相关参数就会上升（Koutsos等，2006）。营养物质和营养活性物质都有出现明显毒副作用的剂量上限，而对于营养活性物质而言，无毒负效应剂量值（no observable adverse effct，NOAEL）显得最为重要，这个值是指在长期供给后不出现毒副作用的最高剂量。无毒负效应值已是衡量人类食品安全的重要标准，就像平均日采食量。

在NbH策略中设计饲料配方时，需要更多关注营养物质和营养活性物质的NOAEL，而不是最低水平，而NOAEL值将是动物采食并不出现毒副作用的最大量。一旦最大阈值已知，就能设计更有效的NbH策略，显然这是现代动物生产的下一个挑战。因此，有效的营养供给量推荐值应该包含促进动物生长和健康所需的营养物质及营养活性物质的数量。

三、健康评估

对动物进行健康评估在全球范围内是极其重要的，但同时也是极其困难的，特别是针对野生动物，而它们被认为是超过70%的新发传染病的源头。因此，对动物进行传染性病原菌的监测已经成为帮助预防这些传染病的重要手段（Kuiken等，2005）。

野生动物与集约化养殖动物的健康评估是现代营养学的一个重要任务。功能性指标的建立（Strain，1999；Adams，2002）将营养与健康联系了起来。这些功能性指标可以是生化指标、生理指标或遗传指标。它们不但可以反映某一组织的功能，还应该能够反映饲料中各种营养活性物质的变化对动物体的影响。最佳营养状态的定义主要包括饲料中的成分对缺乏症的避免、对生物标志物或功能性指标产生的影响及疾病预防三个部分。由于很多非传染性疾病在一定程度上是由于DNA损伤造成的，因此通过确定一些关键营养物质和营养活性物质的最佳含量，从而防止核酸和线粒体的损伤则显得非常重要（Fenech，2002，2003）。一些营养活性物质，如大豆中的异黄酮和绿茶中的五倍子酸盐多酚，有利于改变因DNA过度甲基化所导致的基因沉默（Fang等，2003，2005）。

当功能性指标达到一个相当满意数值，不再受饮食影响时，最适营养就实现了。这一概念可以达到满足预防明显的缺乏症，避免营养物质和营养活性物质的毒副作用并维持健康的目的。这可能会是许多种饲料配方，通过多个饲料配方来提供充足营养，从而保证良好的动物健康和动物福利。

健康评估中的一个关键问题在于营养与健康间的关系和营养与疾病的关系是截然不同的。这就需要有不同于目前健康研究中的药物研发方案和评价标准的试验设计（Roberfroid，1999）。一个重要的方面是 NbH 研究的主要目标群体是健康动物，而这有别于目标群体是患病动物的药学研究。NbH 的主要挑战是设计不同的饲料配方，以改变不同营养物质和营养活性物质的摄入，从而实现功能指标的变化，进而表现为动物在健康维护和疾病预防等状态上的变化。而营养的重要功能就是维持表面上看来健康的正常动物的健康和预防疾病的能力。

因此筛选出新的代表健康的生物标志物是非常必要的。这些生物标志物需要反映体内稳态的细微变化，以及机体（细胞系统、器官和器官间的相互作用）维持这种平衡状态的效应。一个生物指标最好可以反映多种生物学作用。单一营养物质和营养活性物质可能有多种已知或未知的生理功能及生化功能，因此并不能用传统的指标来简单说明。另外，营养成分的功能评价则更加复杂，因为日粮单一饲料原料几乎不去单独饲喂，而只能作为混合日粮的一部分形式来饲喂（Corthésy-Theulaz 等，2005）。

在老年人营养研究中，对健康的定义已经取得了一些进展（Lesourd 和 Mazari，1999）。目前健康的老人血清蛋白水平应该大于或等于 39g/L，并且不缺乏锌、硒、叶酸和维生素 C、维生素 E、维生素 B_6、维生素 B_{12}。同时当血清 C-反应蛋白（serum C-reactive protein）水平小于 30mg/L 时，不应该有任何主要急性期蛋白反应。而类似的定义动物健康的标准却没有能够被建立，有待解决的主要问题是定义"正常"和"健康"与"不健康"之间的界限，尤其是在现代集约条件下饲养动物患病的前期或早期阶段。

现在已有的几个全球性健康评价参数，很有可能会应用于未来动物健康的评估中去。现有的评价方法可应用于研究炎症、核酸稳定性及其状态等。对动物的免疫状态和抗氧化状态可用于监测，胃肠道的微生物区系组成和大肠的发酵能力也可作为健康的监测指标。

（一）炎症

就健康维护和疾病预防而言，评估饲料成分功效的一个重要内容是炎症反应。炎症反应会加速许多慢性疾病的发展，这些疾病包括心血管疾病、免疫功能障碍和关节问题等。

环氧化酶-2（cyclooxy genase-2，COX-2）、TNF-α、IL-1、磷脂酶A2、脂肪氧合酶（lipoxygenase，LOX）和诱导性一氧化氮合酶等因子均可以直接参与动物体的炎症反应。ω-6脂肪酸，如花生四烯酸可以通过一条复杂的通路被COX-2和LOX酶转化为促炎分子，因此下调COX-2和LOX酶的编码基因可能有利于疾病预防。然而，ω-3脂肪酸，如EPA和DHA都是COX-2和LOX的竞争抑制剂并因而具有抗炎作用。另外，一些抗氧化营养活性物质，如植物酚、维生素、类胡萝卜素和萜类化合物在减缓炎症过程中也有显著效果。

类胡萝卜素：在家禽中发现，一种类胡萝卜素——叶黄素在调节炎症方面起重要的作用（Koutsos等，2006）。试验中，给雏鸡分别饲喂低水平类胡萝卜素饲料或高水平类胡萝卜素饲料（40 mg 叶黄素/kg）的同时，用脂多糖诱导其炎症反应。结果表明，与高水平类胡萝卜素饲料组相比，低水平类胡萝卜素饲料组雏鸡体重损失显著增加，且血浆急性期蛋白、触珠蛋白（haptoglobin）含量显著增高。这一结果说明雏鸡缺乏类胡萝卜素会导致系统性炎症相关指标显著增高。

对于禽类而言，机体类胡萝卜素的沉积与其健康状况之间可能存在联系（Blount，2004）。某些体内寄生虫，如球虫会损伤禽类肠道功能，因此机体内类胡萝卜素的良好沉积很可能表明，禽可受较少的寄生虫感染，并呈现良好的健康状态。现有研究表明，类胡萝卜素，特别是叶黄素参与免疫调节，良好的类胡萝卜素沉积也表明机体有良好的免疫状态和健康状况。

禽类血液中的类胡萝卜素浓度变异之广泛在一定程度上取决于日粮（Surai等，2001）。例如，对蛋鸡而言，饲喂标准商品饲料的蛋鸡血清类胡萝卜素浓度是0.7 µg/mL，而饲喂类胡萝卜素补充饲料后血清类胡萝卜浓度可增加到3.0 µg/mL。与此同时，1日龄雏鸡血液中类胡萝卜素浓度能够受到蛋黄中类胡萝卜素含量的影响。饲喂标准商品饲料的母鸡所得的子代鸡的血浆类胡萝卜素浓度是3.1µg/mL，而由饲喂富含类胡萝卜素的母鸡所生产的鸡蛋孵出的子代鸡的血浆类胡萝卜素含量为9.4 µg/mL。值得注意的是，野生禽类血液中类胡萝卜素的含量普遍比商品鸡的高。26种的356只野生禽类的类胡萝卜素的浓度变异范围是0.4~74.2 µg/mL，其平均值为9.4 µg/mL。作为一个NbH项目的一部分，野生禽类可能会从食物中积累类胡萝卜素，因此血液中的类胡萝卜素浓度可以作为评价野生禽类是否健康的一个指标。

（二）DNA损伤和修复

DNA的损伤至少涉及了人类的两大问题，即衰老和癌症。对动物而言，衰老问题主要是针对宠物。而对于饲养的动物来说，衰老和癌症并不是很重要。

动物机体细胞中产生的ROS和自由基不断地损伤DNA，而DNA必须被修复。DNA的损伤是由构成DNA分子的腺嘌呤，胞嘧啶、鸟嘌呤和胸腺嘧啶四个碱基的化学变化造成的。DNA损伤产生的一些氧化分子以构成脱氧核糖核酸的碱基核苷的形式从人体的尿液中被排出。

体现DNA氧化损伤最常见的生物指标是由鸟嘌呤转化生成的核苷-8-羟基鸟苷。这一核苷可以用高效液相色谱技术来检测。在一项人类研究中发现，吸烟者比不吸烟者多排出50%的8-羟基-脱氧鸟苷，表明吸烟者们的DNA损伤率增加50%。

另外，动物细胞中的DNA损伤可以通过单细胞微型凝胶电泳系统（也称为"彗星试验"）来进行研究，同时该方法也可以采用血液样品进行检测（Fairbairn等，1995）。相比于分析DNA的碱基变化，该方法更为快速，并能揭示由有毒物质和氧化损伤所造成的DNA的损伤情况，因此可以很好地应用在动物营养和健康研究中。

今后DNA损伤与修复的研究工作可能需要以动物为研究对象，并观察氧化应激是否可以通过此方法来检测。此外，检测如8-羟基鸟苷类的化合物的方法是非常复杂的，因此在动物营养中需要更快速而简单的方法。

（三）免疫状态评估

如第六章所述，免疫系统在动物抵抗外源病原体侵害时起到不可或缺的作用，因此动物的免疫功能也反映了动物的健康状况。而动物的免疫功能评估并不容易，并且到现在为止也没有一个全面简单的或单一的方法。这使得营养物质和营养活性物质对免疫系统的作用很难被检测到。另外，动物的营养状况不仅能影响单一的免疫功能，还能影响免疫系统的大部分功能。不过，现在已经有几个体外评估免疫状态的方法被建立起来。

免疫状态评估有两个基本目标：其一是确定营养物质、营养活性物质或饲料组成能否提高动物的免疫功能并影响其对传染病的抵抗力；其二是确定动物是否具备良好的免疫系统。理想情况是用多种免疫指标预测动物对传染病的抵抗力，并能够检测出免疫功能低下的动物。

淋巴细胞增殖试验：这一试验提供了细胞介导的免疫应答的信息。它包括检测加与不加激活剂或促细胞分裂剂的培养皿中的细胞数量。分离的淋巴细胞在加有可以激活B淋巴细胞或T淋巴细胞分裂的促细胞分裂剂中培养。几种最常用的细胞分裂剂是伴刀豆球蛋白A、植物血凝素（T-细胞分裂素）及脂多糖（B-细胞分裂素）。淋巴细胞增殖的减少通常意味着细胞介导的免疫受损。

细胞因子的产生：中性粒细胞和其他免疫系统细胞产生一系列的蛋白质介质（protein mediator）即细胞因子，如白介素-1、白介素-6和肿瘤坏死因子。这些因子在免疫应答中非常重要，它们会导致组织损伤。细胞因子通常只产生几微克的量，但可通过血液检测到。

细胞毒性试验：此方法可以评估杀死其他细胞和病毒感染细胞，以及肿瘤细胞NK细胞的细胞毒性T-淋巴细胞和多形核嗜中性粒细胞的活性，而这些细胞能杀死感染性病毒和肿瘤细胞。有时用乳酸脱氢酶的释放量作为细胞毒性试验的一个指标（Lauzon等，2005）。

急性期蛋白质：急性期蛋白质（acute phase proteins，APP）是一组由肝脏合成和分泌的血液蛋白质。它们的浓度会在动物面临不同的应激时增加，如组织炎症、组织损伤、病发或运输产生的环境应激。各种应激会导致氨基酸需求的改变（Le Floc'h等，2004），进而导致在对抗病原菌中起重要防御作用的特殊急性期蛋白的合成。

在牛、猪、和家禽中已经鉴定出了几种不同的急性期蛋白（表8-1）。这些蛋白比特异性抗体出现的更早，它们的减少与哺乳动物和家禽免疫应答的降低相关，因此血液中急性期蛋白的浓度可以作为动物健康状态的一个评估指标。

表8-1　各种动物物种被鉴定的急性期蛋白

物种	急性期蛋白
牛	触珠蛋白、血清类淀粉蛋白A、α-酸糖蛋白、白蛋白、纤维蛋白原
猪	触珠蛋白、血清类淀粉蛋白A、C-反应蛋白、猪主要急性期蛋白、白蛋白、纤维蛋白原、α1-酸性糖蛋白
家禽	触珠蛋白、α1-酸性糖蛋白、血浆铜蓝蛋白、转铁蛋白、纤维蛋白

相对于肌肉蛋白，大多数急性期蛋白富含芳香族氨基酸，如苯丙氨酸、酪氨酸和色氨酸。在炎症过程中，血液中APP浓度会增加10倍。因此，APP合成的增加将需要大量的苯丙氨酸、酪氨酸和色氨酸。

表8-2 人类急性期和肌肉蛋白氨基酸成分（g/kg）

氨基酸	蛋白质				
	C-反应蛋白	纤维蛋白原	触珠蛋白	类淀粉蛋白A	肌肉蛋白
苯丙氨酸	105	46	30	103	40
酪氨酸	50	56	70	67	36
色氨酸	42	35	32	45	23
苏氨酸	58	60	54	30	47
赖氨酸	71	77	92	33	98

急性期蛋白反应也与血清矿物质水平的改变相关，其中，锌会从血液中转移到肝脏中，而铜会从储存的组织中进入到血液中。这些情况都会导致动物生长的抑制和畜产品产量的降低（Chamanza等，1999）。

血液中高水平的急性期C-反应蛋白会显著增加人类患心血管疾病的风险。血浆中C-反应蛋白水平和饲料的总抗氧化能力呈负相关（Brighenti等，2005）。摄入富含抗氧化物的食物导致血浆中C-反应蛋白水平的降低，可能是饲料中抗氧化物抵抗慢性疾病的机制之一。现在的生产中通常没有考虑动物饲料中的总抗氧化能力，而从疾病预防和健康维护方面考虑，抗氧化特性又很重要。

触珠蛋白是猪的主要急性期蛋白之一。猪血液中急性期蛋白水平的检测一直是健康管理过程中的重要检查参数（Gymnich和Petersen，2004）。触珠蛋白水平与生产性能数据密切相关。研究发现，与日增重小于350 g的猪相比，日增重大于350 g的猪的血清触珠蛋白的浓度显著降低。家禽的炎症应答系统同样可以通过检测血液中的触珠蛋白水平进行评估（Koutsos等，2006）。当给予雏鸡脂多糖刺激，再饲喂无叶黄素添加的日粮时，雏鸡的血清触珠蛋白含量从40μg/mL增加到175μg/mL。而当给雏鸡饲喂添加40 mg/kg叶黄素的饲料，触珠蛋白则减少到120 μg/mL。

在评价动物营养与健康状况时，试剂盒的使用使得急性期蛋白质的日常检测变得更加可行。例如，牛乳中的触珠蛋白浓度可以用ELISA技术检测

（Hiss等，2004）。用脂多糖刺激奶牛来构建细菌感染模型发现，3h之后其触珠蛋白浓度明显增加。在另一项研究中，给患有乳腺炎的奶牛灌注大肠杆菌脂多糖后的24～48h之内，触珠蛋白浓度会达到180μg/mL的峰值（Lauzon等，2006）。这些结果表明牛奶中触珠蛋白的测定可作为奶牛乳腺炎诊断的依据。

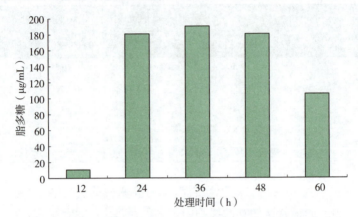

图8-2　灌注脂多糖诱发乳房炎的奶牛其乳中结合珠蛋白浓度

氧化应激：这一指标包含两个方面，即动物饲料的氧化状态和动物的氧化状态。动物饲料中包含大量的脂质、蛋白和碳水化合物，它们很容易被氧化。因此，饲料的抗氧化能力是保证饲料质量的一个重要参数。动物良好的氧化状态有利于减少氧化应激和抵抗非传染性疾病。

动物饲料中含有不同剂量的抗氧化剂，包括来自饲料原料的抗氧化成分及额外添加的抗氧化剂。尽管外源添加的抗氧化剂剂量是已知的，但要确定内源抗氧化剂的浓度几乎是不可能的。饲料中抗氧化剂的保护作用来源于内外源抗氧化剂的联合作用，以及不同抗氧化分子的协同作用，而且不同的抗氧化剂作用机制不同。因此，动物饲料的总抗氧化能力是NbH策略中一个重要参数。由于动物饲料含有多种抗氧化剂，因此其总抗氧化力很难被评估，通常情况下没有被考虑纳入到饲料评估的指标中去。

结合修改后的铁离子还原抗氧化（ferric ion reducing antioxidant power，FRAP）分析法与二苯基苦基苯肼（2,2-diphenyl-1-picrylhydrazyl，DPPH）分析法（Smet等，2006），检测饲料中抗氧化力的方法已经被建立。其中，FRAP分析法的建立是为了评估血液抗氧化能力（Benzie和Strain，1996），它通过简单的自动比色法检测血浆中铁离子还原为亚铁离子的能力来评估其抗氧化能力。DPPH法则是通过评估稳定自由基的中和能力来评估抗氧化能力。利用此方法可以检测饲料中抗氧化剂潜在的综合作用和浓度。就设计用于疾病预防和健康维护的饲料而言，饲料的总抗氧化力很重要。

FRAP分析法提供了测量动物采食之后的血液中抗氧化状态的评估方法。例如，通过FRAP分析法，可以检测到大鼠饲喂覆盆子（*Vaccinium myrtillys* L.）花青素提取物后的3～6h血液中抗氧化程度的增加（Talavéra等，2006）。因此，FRAP分析法可以监测动物体内的抗氧化状态并可为NbH方案提供信息。

霉菌毒素：动物饲料原料中的霉菌普遍存在，因此霉菌毒素污染时有发生（见第四章），检测动物是否接触霉菌毒素就显得非常必要。评价动物是否接触霉受菌毒素污染的饲料的生物指标是二氢神经鞘氨醇与鞘氨醇的比率（SA/SO比率）（Avantaggiato等，2005）。这个生物指标还可以反映动物是否接触伏马菌素，以及出现鞘脂类代谢紊乱所产生的毒性作用。大鼠接触伏马菌素后，尿液样品和肾中SA/SO比率出现显著增加，但在肝脏中没有增加，表明通过尿液样品可无创并实时地监测动物霉菌毒素感染情况。

一些霉菌毒素间的相互作用已经通过DNA合成抑制试验进行了研究（Tajima等，2002）。通过该方法对T-2毒素、脱氧雪腐镰刀菌烯醇、雪腐镰刀菌醇、玉米赤霉烯酮和伏马毒素B_1这5种镰刀菌毒素不同剂量的联合作用进行了深入研究发现，可以在雪腐镰刀菌醇和T-2毒素间、脱氧雪腐镰刀菌烯醇和雪腐镰刀菌醇间、玉米烯酮和雪腐镰刀菌醇间，以及玉米烯酮和伏马毒素B_1间观察到显著的协同作用。这不是一个微不足道的测试，它为从霉菌毒素的角度来评价饲料的安全性提高了依据。

血尿素氮：该指标代表了饲料氮的使用率，同样也与动物健康息息相关，因为胃肠道中饲料蛋白质的低利用率为肠道病原菌的生长提供了底物。一般来说，血尿素水平的减低表明饲料氮的高利用率（Owusu-Asieda等，2003）。早期断奶仔猪的血液尿素和饲料粗蛋白含量有很强相关性（Nyachoti等，2006）（表8-3）。在试验开始时血浆尿素氮在88mg/L和110mg/L之内，当饲喂21d低粗蛋白饲粮后血液中的尿素氮出现线性反应，低粗蛋白组的尿素氮仅占高粗蛋白组的32%。通常认为降低猪饲粮蛋白水平有益其健康，这一点可以通过血液尿素氮来检测。

表8-3　不同的饲粮粗蛋白水平对仔猪血浆尿素氮的影响（mg/L）

试验期（d）	饲粮粗蛋白含量（%）			
	23	21	19	17
0	110	88	88	102
7	100	82	70	58
14	95	58	50	48
21	120	62	40	38

亚硝酸盐和硝酸盐：亚硝酸盐和硝酸盐在血浆中生成，二者和尿素最终是由NO氧化产生的。NO是一种强有力的肺血管舒张剂，它可以快速降低肺血管阻力从而防止肺动脉高血压的病发。在哺乳动物和禽类体内一氧化氮的作用很广泛，它是由精氨酸在NO合成酶的作用下合成的。一氧化氮也可由体细胞产生，如巨噬细胞受到细菌感染的刺激时也会产生NO。在活细胞中NO气体分子的半衰期较短，它会快速转化为亚硝酸盐和硝酸盐并由尿排出。

尿液亚硝酸盐和硝酸盐浓度的测定已经被用作评估全肠道细菌感染的量化生物指标（Bovee-Oudenhoven等，1997）。基本原理是要先在尿液样品中添加一种抗生素来防止细菌降解利用亚硝酸盐和硝酸盐。通常样品中的硝酸盐以化学方法还原成亚硝酸盐，总亚硝酸盐的量通过比色法检测，并可通过自动分析系统进行比色。因此，总亚硝酸盐的量可以作为评估动物健康和营养状况的指标。

给大鼠口服沙门氏菌发现，在6d时间里尿液亚硝酸盐和硝酸盐水平增加至对照组的5倍（Bovee-Oudenhoven等，1999）。这一方法可应用于食品动物生产中，因为沙门氏菌感染是食品安全重点关注的问题，可以通过检测尿液中亚硝酸盐和硝酸盐含量来追踪动物的感染状况。

当感染堆形艾美耳球虫时，随着球虫病的发生，由鸡脾脏培养得到的巨噬细胞会产生越来越多的亚硝酸盐。类似的情况同样发生在患有幼禽肠炎和死亡综合征（PEMS）的火鸡中，它们体内也会出现巨噬细胞产生的亚硝酸盐增多的情况（表8-4）（Qureshi等，1998）。

表8-4　鸡球虫病、幼禽肠炎及火鸡死亡率综合征（PEMS）疾病发展过程中
巨噬细胞培养液中的亚硝酸盐浓度

疾病	刺激天数	亚硝酸盐（$\mu mol/L$）
球虫病（鸡）	0	6.0
	6	21.0
PEMS（火鸡）	0	5.5
	7	20.5

　　亚硝酸盐存在于许多物种的血液中，包括人类、豚鼠、迷你猪、小鼠、猴子、兔子和大鼠（Kleinbongard等，2003）。其浓度变化范围为由兔子的502 nmol/L到大鼠的191 nmol/L。因此在哺乳动物中，一氧化氮合酶活性是相对均一的，血液中都会有亚硝酸盐的存在。

　　给肉鸡静脉注射亚硝酸钠溶液或注射脂多糖时，血清中亚硝酸盐和硝酸盐含量会显著增加（Chapman和Wideman，2006）。这两种处理都可以刺激一氧化氮的产生。然而，用一种外源一氧化氮的供体分子——硝普酸钠处理肉鸡时，一氧化氮的增加水平却低至无法用亚硝酸盐测定法的标准比色法进行检测。这可能是血液中的亚硝酸盐测定方法不够灵敏，不足以反映健康动物的代谢状态。

　　胃肠道中乳酸杆菌和大肠杆菌数：乳酸杆菌代表小肠中一种主要的微生物群，一般认为其对维持肠道健康非常重要，因为它们能控制和抑制包括大肠杆菌属内的各种致病性大肠杆菌菌株在内的潜在致病微生物的生长。对于哺乳期仔猪而言，由于乳酸杆菌具有发酵利用乳中乳糖的能力，因此乳酸杆菌在胃肠道的前部处于优势地位。而断奶后，乳酸杆菌的数量急剧减少导致它们抑制大肠杆菌附着于胃肠道壁上的作用显著降低。

　　随着仔猪适应固体饲料，胃肠道的微生物区系会重新稳定，乳酸杆菌：大肠杆菌（L：C）的比率变得更有利于其健康维持和疾病防御。因此这两个微生物群的相对数量，即乳酸杆菌：大肠杆菌（L：C）的比率可以作为肠道健康的一个重要评判指标。

　　给仔猪饲以不同水平的蛋白质，在第0天乳酸杆菌：大肠杆菌之比是1.22，在第4天降至1.11，第7天和第14天恢复至1.4（Wellock等，2006）。在

这个研究中，随着蛋白质供给的增加，结肠近端的肠道健康问题不断恶化，表现为大肠杆菌数量的增加，以及乳酸杆菌：大肠杆菌的值降低。这与高蛋白饲料为病原菌的生长提供更好环境，从而有利于病原菌生长进而诱导各种疾病的认知是相一致的。

（四）大肠的发酵活力

如第五章所示，大肠中的微生物发酵是饲料消化过程的一部分，对动物健康有重要意义。利用气体产生收集系统的研究证明，大肠的发酵活力受到日粮的影响（Theodorou等,1994）。这种方法包括对发酵过程中累积气体的检测，并显示了整个微生物群体活动的动力学。这一技术已经被应用于研究反刍动物瘤胃、猪的胃肠道和家禽盲肠的微生物发酵活力（Williams等，2001），通过使用不同的起始底物从而研究特殊的饲料原料（如抗性淀粉、蛋白质或纤维）发酵对微生物菌群转化的影响。此外，还可研究潜在的营养活性物质对发酵模式的影响。

四、结论

通常饲料是动物生产中最昂贵的投入，因此饲料采食量及其与动物健康之间的关系是非常重要的参数。然而，对动物健康的评估尤为困难，且常规方法也较难实现。饲料采食量会受到健康状况的影响，因此可以作为一个间接反映动物健康的指标。在胎儿和新生儿阶段饲料供给对其后期的健康和生长有重大影响。

营养需要量仍然需要进一步改进。对于维持体重和生长所建立的一般的营养需要量可能并不适用于疾病预防、免疫系统发展、健康维持和动物福利。饲料组成成分的剂量与动物的生物反应之间存在着复杂的关系，任何饲料组成成分水平的高或低都会成为问题的来源。对于实际营养最重要的剂量参数可能就是NOAEL即不出现不良反应的剂量水平。生长中动物的健康评估是现代营养的主要挑战，因为健康与营养间的关系完全不同于营养与疾病间的关系。一些现有的全球性健康的参数很可能应用于未来的动物健康评估。炎症的检测并且尤其是类胡萝卜素对炎症的影响是重要的。DNA稳定和修复可以被用作评估。免疫状态可以通过各种检测指标来完成，如细胞因子和急性期蛋白的产生量。一些技术可用于研究饲料和动物的抗氧化状态。另外，胃肠道的微生物菌群组成和大肠的发酵能力同样可以为动物健康提供信息。

（杨小军　主译）

参考文献

Adams C A, 2002. Total Nutrition feeding animals for healthand growth[M]. Nottingham UK：Nottingham University Press.

Avantaggiato G, Solfrizzo M, Visconti A, 2005. Recent advances on the use of adsorbent materials for detoxification of Fusarium mycotoxins[J]. Food Additives and Contaminants, 22：379-388.

Benzie I F F, Strain J J, 1996. The ferric reducing ability of plasma (FRAP) as a measure of "antioxidant power"：The FRAP assay[J]. Analytical Biochemistry, 239：70-76.

Bovee-Oudenhoven I M J, Termont D S M L, Weerkamp A H, et al, 1997. Dietary calcium inhibits intestinal colonization and translocation of salmonella in rats[J]. Gastroenterology, 113：550-557.

Bovee-Oudenhoven I M, Wissink M L, Wouters J T, et al, 1999. Dietary calcium phosphate stimulates intestinal lactobacilli and decreases the severity of a salmonella infection in rats[J]. Journal of Nutrition, 129：607-612.

Blount J D, 2004. Carotenoids and life-history evolution in animals[J].Archives of Biochemistry and Biophysics, 430：10-15.

Brighenti F, Valtueña S, Pellegrini N, et al, 2005. Total antioxidant capacity of the diet is inversely and independently related to plasma concentration of high-sensitivity C-reactive protein in adult Italian subjects[J]. British Journal of Nutrition, 93：619-625.

Chamanza R, van Veen L, Tivapasi M T, et al, 1999. Acute phase proteins in the domestic fowl[J]. World' sPoultry Science Journal, 55：61-71.

Chapman M E, Wideman Jr, R F, 2006. Evaluation of total plasma nitric oxide concentrations in broilers infused intravenously with sodium nitrite, lipopolysaccharide, aminoguanidine, and sodium nitroprusside[J]. Poultry Science, 85：312-320.

Corthésy-Theulaz I, den Dunnen J T, Ferré P, et al, 2005. Nutrigenomics：The impact of biomics technology on nutrition research[J]. Annals of Nutrition and Metabolism, 49：355-365.

De Meulenaar B,2006. Chemical hazards. In: *Safety in the agri-foodchain* eds: P. A. Luning,F. Devlieghere and R. Verhé. WageningenAcademic Publishers, Netherlands pp.145-208.

Fairbairn D W, Olive P L, O'Neill K L, 1995. The Comet Assay: A comprehensive review[J]. Mutation Research, 339: 37-59.

Fang M Z, Wang Y, Ai N, et al, 2003. Tea polyphenol (-) -epigallocatechin-3-gallateinhibits DNA methyltransferase and reactivates methylation silenced genes in cancer cell lines[J]. Cancer Research, 63: 7563-7570.

Fang M Z, Chen D, Sun Y, et al, 2005. Reversal of hypermethylation and reactivation of p16*INK4a*, *RAR*b, and *MGMT* genes by geniste in and other isoflavones from soy[J]. Clinical Cancer Research, 11: 7033-7041.

Fenech M, 2002. Micronutrient and genomic stability : a new paradigm for recommended dietary allowances (RDAs) [J].. Food and Chemical Toxicology, 40: 1113-1117.

Fenech M, 2003. Nutritional treatment of genome instability: a paradigm shift in disease prevention and in the setting of recommended dietary allowances[J].. Nutrition Research Reviews, 16: 109-122.

Gous R M, 2006. Predicting nutrient responses in poultry: future challenges[J]. Proceedings of the British Society of Animal Science.216.

Gymnich S, Petersen B, 2004. Haptoglobin as a screening parameter in health management systems in piglet rearing[J]. Pig News and Information, 23: 111N-118N.

Hiss S, Mielenz M, Bruckmaier R M, et al, 2004. Haptoglobin concentrations in blood and milk after end otoxin challenge and quantification of mammary Hp mRNA expression[J]. Journal of Dairy Science, 87: 3778-3784.

Kleinbongard P, Dejam A, Lauer T, et al, 2003. Plasma nitrite reflects constitutive nitric oxide synthase activity in mammals[J]. Free Radical Biology and Medicine, 35: 790-796.

Koutsos E A, López J C G, Klasing K C, 2006. Carotenoids from in ova or dietary sources blunt systemic indices of the inflammatory response in growing chicks (*Gallus gallus domesticus*) [J]. Journal of Nutrition, 136: 1027-1031.

Kuiken T, Leighton F A, Fouchier R A M, et al, 2005.Pathogen surveillance in animals[J]. Science, 309: 1680-1681.

Langley-Evans S C *editor*.2004. Experimental models ofhypertension and cardiovascular disease. *In* Fetal nutrition andadult disease: Programming of chronic disease through fetal exposure to undernutrition. pp. 129-156. Wallingford, Oxon, CABI.

Langley-Evans S C, 2006. Developmental programming of health and disease[J]. Proceedings of the Nutrition Society, 65: 97-105.

Lauzon K, Zhao X, Bouetard A, et al, 2005. Antioxidants to prevent bovine neutrophil-induced mammary epithelial cell damage[J]. Journal of Dairy Science, 88: 4295-4303.

Lauzon K, Zhao X, Lacasse P, 2006. Deferoxamine reducestissue damage during endotoxin-induced mastitis in dairy cows[J].Journal of Dairy Science, 89: 3846-3857.

Le Floc' h N, Melchior D, Obled C, 2004. Modification of protein and amino acid metabolism during inflammation and immune system activation[J]. Livestock Production Science, 87: 37-45.

Lesourd B, Mazari L, 1999. Nutrition and immunity in the elderly[J]. Proceedings of the Nutrition Society, 58: 685-695.

Loft S, Fischer-Nielsen A, Jeding I B, 1993. 8-Hydroxyguanosineas a urinary marker of oxidative DNA damage[J]. Journal of Toxicology and Environmental Health, 40: 391-404.

Lucas A, 1991. Programming by early nutrition in man[J]. Ciba Foundation Symposium, 156: 38-50.

Nyachoti C M, Omogbenigum F O, Rademacher M, et al, 2006. Performance responses and indicators of gastrointestinal health in early-weaned piglets fed low-protein amino acid supplemented diets[J]. Journal of Animal Science, 84: 125-134.

Owusu-Asiedu A, Nyachoti C M, Baidoo S K, et al, 2003. Response of early-weaned pigs to an enterotoxigenic *Escherichia coli* (K88) challenge when fed diets containing spray dried porcine plasma or pea protein isolate plus egg yolk antibodies[J]. Journal of Animal Science, 81: 1781-1789.

Qureshi M A, Hussain I, Heggen C L, 1998. Understanding immunology in disease development and control[J]. Poultry Science, 77: 1126-1129.

Roberfroid M B, 1999. Concepts in functional food: the case of inulin and oligofructose[J]. Journal of Nutrition, 129 (Suppl.) 1398S-1401S.

Sandberg F B, Emmans G C, Kyriazakis I, 2006. A model for predicting feed intake of growing animals during exposure to pathogens[J]. Journal of Animal Science, 84: 1552-1566.

Smet K, Raes K, de Smet S, 2006. Novel approaches in measuring the antioxidative potential of animal feeds: the FRAP and DPPH methods[J]. Journal of the Science of Food and Agriculture, 86: 2412-2416.

Strain J J, 1999. Optimal nutrition: an overview[J]. Proceedings of the Nutrition Society, 395-396.

Surai P F, Speake B K, Sparks N H C, 2001. Carotenoids in avian nutrition and embryonic development. 1. Absorption, availability, and levels in plasma and yolk[J]. Journal of Poultry Science, 38: 1-27.

Tajima O, Schoen E D, Feron V J, et al, 2002.Statistically designed experiments in a tiered approach to screen mixtures of *Fusarium* mycotoxins for possible interactions[J]. Food and Chemical Toxicology, 40: 685-695.

Talavéra S, Felgines C, Texier O, et al, 2006. Bioavaiability of a bilberry anthocyanin extract and its impact on plasma antioxidant capacityin rats[J]. Journal of the Science of Food and Agriculture, 86: 90-97.

Theodorou M K, Williams B A, Dhanoa M S, et al, 1994. A simple gas production method using a pressure transducer to determine fermentation kinetics of ruminant feeds[J]. Animal Feed Science and Technology, 48: 185-197.

Wellock I J, Fortomaris P D, Houdijk J G M, et al, 2006. The effect of dietary protein supply on the performance and risk of post-weaning enteric disorders in newly weaned pigs[J].Animal Science, 82: 327-335.

Williams B A, Verstegen M W A, Tamminga S, 2001.Fermentation in the large intestine of single-stomached animals and its relationship to animal health[J]. Nutrition Research Reviews, 14: 207-227.

CHAPTER 9 第九章

全书总结

　　动物健康状况是目前乃至将来需求量更大的动物源性食品高效生产的一项重要参数。动物健康不仅对重要食品供应的安全性有重大影响，而且对人类健康及国际贸易和经济也有着重大影响。因此，在现代动物生产体系中保持动物健康和防止疾病发生是一项全球性的重大挑战。

　　对动物健康构成威胁的因素有多种。其中环境是具有长期性的影响因素，传染病的来源和良好的卫生条件显然也是重要的。饮用水质量也是影响动物健康状况的关键因素。饲料易被霉菌、霉菌毒素和细菌污染，饲料的卫生状况也是一个重要的影响因素。因此，水和饲料供应都必须成为潜在的疾病传染媒介考虑之列。在相对较小的面积内高密度饲养大量的动物也会使这些动物在饲养期间承受较大的压力，主要表现为对传染性疾病的易感性增加和产生许多非传染性疾病。

　　显然，保持动物健康，防止疾病发生的主要途径必须通过营养。这是因为治疗患病动物既不是理想的方案，在许多情况下也不是一个切实的解决方案。因此，营养为健康营养学（NbH）将会成为动物生产中的一项重要应对策略。它着重在于向消费者展示现代动物生产决策机制对动物健康、动物生长，以及动物生产力都给予适当的关注。NbH策略还对消费者和立法方面的关注作出了回应，即在研究工作中日粮与健康之间的联系正日益受到重视。现在人们对人类和动物的NbH策略都产生了极大的兴趣和关注。

　　然而，动物饲料和人类食物的组成成分都极其复杂，不仅含有营养物质，还含有生物活性成分，即营养活性物质，NbH策略必须充分利用这两类组成成分。在动物营养中，饲料既在动物胃肠道中发挥外部效应，也在动物机体代谢中发挥其内部效应。

　　动物健康与疾病之间的平衡受动物基因组成或基因组与动物所处环境之间的相互作用，这是一种表型。营养可以被视为一个可以产生许多后果的环境因子，它影响动物基因的稳定性，这是疾病发生的根本原因。许多日粮中的化合物可以影响动物基因型转化为表型的表达序列。饲料组成成分可以直接影响基因表达或通过激活调控不同组织，以及不同环境条件下特定基因表达的转录因子系统而发挥作用。研究营养与基因型或营养基因组学表达之间的相互关系具有重要的现实意义，它尝试着为常见的日粮化学物质特别是营养活性物质如何影响动物健康和疾病间的平衡提供了遗传和分子层面的理解，这会导致进一步提升营养对健康影响的认识，并且可以指导营养方案。

　　胃肠道的完整性是影响动物健康的一个重要决定因素，因为肠道疾病能给动物生产带来严重的后果，造成巨大的经济损失。正常、健康的动物胃肠道内栖息着数量庞大的微生物群落，这些微生物既有助于防止病原体入侵，也可以发酵在大肠内未消化的饲料成分。发酵产物，特别是丁酸，是大肠上皮细胞的宝贵营养物质；几种氨基酸，比如精氨酸、谷氨酰胺、苏氨酸和组氨酸等都有助于维持胃肠道的完整性。

　　当病原微生物侵入胃肠道时会引发肠道疾病，日粮与病原菌间的互作可以缓解肠道疾病。发展NbH策略的一个基本目标必须是识别和利用各种饲料原料和其他生物活性饲料原料、营养活性物质，利用它们去抑制病原菌黏附，抑制病原菌生长，确保动物所食日粮不会增加病原菌的毒性。饲料配方在管理肠道疾病方面可以发挥有益作用。

　　非消化性寡糖和单宁已被确定为是抗黏附因子。降低仔猪日粮中蛋白质含量和使用熟米具有一定的益处。诸如有机酸、酶类、非消化性寡糖和精油等营养活性物质均能够调控胃肠道内的微生物群落，以利于动物健康。饲料也可以影响病原菌的毒性，特别是家禽坏死性肠炎。饲料中的抗氧化剂有利于降低某些病毒的致病性。体内铁的状态影响动物对传染性疾病的敏感性，铁螯合剂，如去铁胺或有机酸可能会起到有益的作用。

　　动物健康状况易受到霉菌污染的饲料和饲料原料的影响，霉菌毒素对动物生产构成了双重威胁，如作为直接毒素及作为免疫抑制剂增加动物机体对传染性疾病的易感性。对霉菌毒素的管理和控制在技术上是行之有效的，在原材料收获时和储存时可以采取一些预防措施来降低或避免霉菌污染的发生。在饲料中加入霉菌毒素结合物可以降低胃肠道对霉菌毒素的吸收，也可以利用各种日粮调控措施来最大限度地降低霉菌毒素对动物生长和健康的影响。

很显然，在现代动物生产中发挥有效的免疫系统对保护动物健康极为重要。特别是先天性免疫反应对于防止疾病的发生是至关重要的，因为它是一种非常迅速的机体防御机制。营养影响免疫系统的稳定性是众所周知的，但各种营养物质和营养活性物质是如何具体影响机体免疫系统的机制还尚不清楚。日粮满足动物生长的需要是否足以支持免疫系统还尚不确定。叶黄素是一个很好的例子，它对动物生长几乎没有影响，但在支持动物免疫系统中却起着重要作用。各种非消化性寡糖也具有免疫调节作用，增加饲料中 n-3 到 n-6 不饱和脂肪酸比例有益于增强机体免疫系统。

对动物健康构成威胁的另一个重要因素是氧作用相互矛盾现象（oxygen paradox）。动物必须利用氧气进行代谢，但氧气对动物健康和福利也是有害的。在氧正常代谢过程中，会产生 ROS 和 RNS，这些自由基在抗氧化酶和抗氧化剂的作用下在体内处于可控范围内。当 ROS 和 RNS 不断积累超过体内内源性抗氧化保护机制时就会发生氧化应激，进而可能会诱发各种非传染性和传染性疾病综合征。氧化应激严重地影响动物健康，可引起 DNA 损伤增加，影响胎儿发育，诱发神经毒性，增加乳腺炎的易感性。氧化应激影响一些非传染性疾病，如高血压、腹水、胎膜滞留、肺病、钙营养状况、骨关节问题等。氧化应激在一些传染性疾病的发病中也起一定作用，特别是对病毒源和机体的抗氧化状态有着重要的影响作用。抗氧化营养活性物质是 NbH 策略的重要组成部分，因为这些营养活性物质影响着许多与健康有关的因素。

饲料采食量及其与动物健康的关系是重要的技术参数，因为饲料通常是动物生产中最昂贵的投入。然而，评估动物健康状况尤为困难，一些常规程序也不容易获得。此外，为了增加和维持体重需求确定的营养需要量可能并不一定适合于防止疾病发生、激活免疫系统，以及保持动物健康和福利。饲料组成成分的剂量与动物的生物反应之间存在着极其复杂的关系，其中任何成分的高低水平都可能成为令人担忧的问题来源。在生产实践中营养最重要的剂量参数可能就是 NOAEL（未观察到不良效应水平）。

对生长动物的健康状况进行评估是现代营养学面临的一个主要挑战，因为生长动物的营养与健康之间的关系完全不同于其营养与疾病之间的关系。炎症的测定，特别是类胡萝卜素对炎症有着重要的影响。DNA的稳定性和修复可以被用作评估，机体的免疫状态可以通过各种指标检测来进行监测，如检测细胞因子和急性期蛋白产生量。可以利用一些技术来研究饲料和活体动物的氧化状态，以及活体动物的抗氧化状态。血液中的尿素、亚硝酸盐和硝酸盐含量是评估动物健康状况非常有用的指标。胃肠道中微生物群落的组成和大肠的发酵能力也可以为动物健康状况评估提供有价值的信息。

显然要想充分理解营养与健康之间的相互关系需要进行更多的研究，关注动物和人类健康是本书的主题，NbH营养策略必须应用于以生产食物为目的的动物养殖中去。

（胡红莲　主译）